普通高等教育规划教材

木材学实验教程

Experimental Course of Xylology

徐 峰 罗建举 等著

化学工业出版社

·北京·

本书包含了木材学实验室管理制度、木材学实验设备基本操作规程和木材学实验的基本要求，共安排了30个实验项目，实验内容涵盖木材构造与木种鉴别、木材物理力学性质测定、木材化学性质测定、木材保护与改性处理等。

本书可作为林业大中专院校相关专业木材学实验教材或教学参考书，也可作为木材生产加工人员、木材经贸人员、木材质量监督人员自学参考书。

图书在版编目（CIP）数据

木材学实验教程／徐峰，罗建举等著．—北京：化学工业出版社，2014.8（2022.8重印）
普通高等教育规划教材
ISBN 978-7-122-20391-5

Ⅰ.①木…　Ⅱ.①徐…②罗…　Ⅲ.①木材学-实验-教材　Ⅳ.①S781-33

中国版本图书馆CIP数据核字（2014）第073416号

责任编辑：郑叶琳　　　　　　　装帧设计：IS溢思视觉设计工作室
责任校对：王素芹

出版发行：化学工业出版社（北京市东城区青年湖南街13号　邮政编码100011）
印　　装：北京虎彩文化传播有限公司
787mm×960mm　1/16　印张 $7\frac{1}{2}$　字数142千字
2022年8月北京第1版第4次印刷

购书咨询：010-64518888
售后服务：010-64518899
网　　址：http://www.cip.com.cn
凡购买本书，如有缺损质量问题，本社销售中心负责调换。

定　　价：35.00元　　　　　　　　　　　　　　　　　版权所有　违者必究

《木材学实验教程》编写人员名单

徐　峰　罗建举　符韵林　牟继平

孙　静　廖晓梅　覃引鸾

前　言

木材学是林业工程和林学学科相关专业的学科基础课程，主要内容包括木材构造与木种鉴定、木材化学性质、木材物理力学性质、木材保护与材性改良。要让学生深刻认知和掌握这些理论知识，往往需要通过实验实习才能达到目标。然而，到目前为止国内尚没有正式出版的木材学实验教材，多为各个院校自编自印的内部实验讲义。

恰逢广西壮族自治区教育厅于2012年设立广西高校教学名师教材编写与出版项目，徐峰教授和罗建举教授均为广西高校教学名师，于是我们就申报了《木材学实验教程》项目，并于2012年3月获得立项批准，研究期限为两年，本书就是教学名师项目的研究成果。

本书共分7章，第1章为木材学实验室管理制度，第2章为木材学实验设备基本操作规程，第3章为木材学实验的基本要求，第4章为木材构造与木种鉴别实验，第5章为木材物理力学性质实验，第6章为木材化学性质实验，第7章为木材保护与改性实验。前三章介绍实验室管理制度、设备操作规程和实验基本要求，目的是使学生在进入实验室之前便受到安全教育和管理制度教育。本书设计了30个实验项目，其中木材构造与木种鉴别实验项目10个，木材物理力学性质实验项目6个，木材化学性质实验项目9个，木材保护与改性实验项目5个。属于综合性训练和创新性实验的项目达到三分之一，有利于培养学生的实验能力和创新意识。木材构造与木种鉴定实验项目中，无论是名词术语说明还是实验练习，均配有相关的实体木材构造特征数码照片，使学生更容易理解与掌握。这也是本书的特色与亮点之一。

本书可以作为木材学实验独立设课的教材，实验课时以45～60学时为宜。如若作为相关课程的实验指导书使用，各院校可以根据所设课程实际情况选用。例如：木材学实验可侧重选第4章和第5章的实验项目，木材化学实验可侧重选第6章的实验项目，木材保护学实验可侧重选第7章的实验项目等。

本书编写过程中得到了东北林业大学、北京林业大学、南京林业大学等十余所兄弟院校的木材学同行的支持与鼓励，在此一并表示感谢。

由于编写时间仓促和水平有限，书中不妥之处在所难免，恳请同行专家和广大读者提出宝贵意见，以便再版时修正。

编著者

2013年11月

目 录

■ 第1章　木材学实验室管理制度　1

1.1　实验室安全管理制度　/ 2
1.2　实验仪器设备管理制度 / 3
1.3　实验标本管理制度 / 4
1.4　实验药品管理制度 / 4
1.5　学生实验守则 / 5

■ 第2章　木材学实验设备基本操作规程 / 6

2.1　实验试样制作设备基本操作规程 / 7
2.2　木材构造实验设备基本操作规程 / 8
2.3　木材物理力学实验设备基本操作规程 / 10
2.4　木材化学实验设备基本操作规程 / 12
2.5　木材改性实验设备基本操作规程 / 14

■ 第3章　木材学实验的基本要求 / 18

3.1　木材学实验用标本的基本要求 / 19
3.2　木材学实验报告的基本要求 / 20

■ 第4章　木材构造与木种鉴别实验 / 22

实验1　针叶树材宏观构造 / 23
实验2　阔叶树材宏观构造（一）/ 26
实验3　阔叶树材宏观构造（二）/ 32
实验4　木材树种宏观特征鉴别综合训练 / 37
实验5　木材制片技术综合训练 / 40
实验6　针叶树材显微构造 / 43
实验7　阔叶树材显微构造 / 46
实验8　木材解剖分子离析与测量 / 51

实验 9　针阔叶材木片鉴别与含量测定综合训练 / 53

实验 10　木材缺陷鉴别综合训练 / 56

第 5 章　木材物理力学性质实验 / 66

实验 11　木材含水率、干缩性和气干密度的测定 / 67

实验 12　木材顺纹抗压强度的测定 / 70

实验 13　木材抗弯强度及抗弯弹性模量的测定 / 72

实验 14　木材顺纹抗剪强度的测定 / 76

实验 15　木材冲击韧性的测定 / 79

实验 16　木材硬度的测定 / 81

第 6 章　木材化学性质实验 / 84

实验 17　木材灰分含量分析 / 85

实验 18　木材水抽提物含量分析 / 87

实验 19　木材 1%NaOH 抽提物含量分析 / 89

实验 20　木材综纤维素含量分析 / 91

实验 21　木材纤维素含量分析 / 93

实验 22　木材戊聚糖含量分析 / 95

实验 23　木素含量分析 / 98

实验 24　木材 pH 值分析 / 100

实验 25　木材酸碱缓冲容量分析 / 102

第 7 章　木材保护与改性实验 / 104

实验 26　木材阻燃处理 / 105

实验 27　木材防腐处理 / 106

实验 28　木材脱色与漂白处理 / 108

实验 29　木材染色处理 / 110

实验 30　木材软化与弯曲成型处理 / 112

第 1 章 木材学实验室管理制度

1.1 实验室安全管理制度
1.2 实验仪器设备管理制度
1.3 实验标本管理制度
1.4 实验药品管理制度
1.5 学生实验守则

1.1　实验室安全管理制度

为保障师生安全，保证实验教学顺利进行，做到防患于未然，特制订如下管理制度。

1.1.1　总体要求

所有进入教学实验室进行教学活动的教师、学生、实验技术人员都必须遵守以下规定。

① 了解实验室应急预案，明确撤离的方式和路线，明确紧急情况下可以采取的措施。

② 必须学会常用灭火器的原理及其适用范围，能够根据情况采用合适的装置进行灭火。

③ 对实验防护高度重视，按照规定进行着装。

④ 必须学会各种紧急情况的处理方法，懂得自我保护，遇紧急情况时能够自救。

1.1.2　实验指导教师相关要求

① 必须对所指导实验的关键点、可能出现危险的种类和处理方法有全面深入的理解。

② 对有特殊防护要求的实验，必须事先告知学生，并有义务和权力监督学生按照规定使用保护装置。

③ 必须详细观察和处理实验中的问题，将问题消灭在萌芽状态。不得长时间离开实验指导岗位。

④ 严格要求学生，对于实验不认真、闲聊、打闹、干扰实验秩序、可能导致危险的学生，有权终止其实验，直至报请实验中心取消其实验资格。

⑤ 参加实验教学改革，对使用非环境友好试剂、废渣和废液多或存在安全隐患的实验进行改革。

⑥ 如遇危险发生，作为现场指挥，按照应急预案的要求组织撤离，指挥应急小组的工作，保护学生生命安全和学校财产安全，并尽快上报相关消防部门。

1.1.3　实验室管理人员相关要求

① 必须保证实验室具有充足的消防设施，如灭火器，并保证设施、器材能够有效工作。

② 必须保证实验室通风系统安全高效地工作。

③ 实验室应准备必要的应急药品和应急药箱。实验室内必须保证有稀碳酸氢钠溶液、稀硼酸溶液、固体碳酸钠等常用的应急处理药品。

④ 实验室管理人员必须根据学院危险品存放的规定，严格把关危险品的购置程序，尽量避免危险品的储存，保证储存的安全。

⑤ 要定期对危险品的状况进行检查，检查要留有详细记录，出现问题要及时处理并上报。

⑥ 负责废液、废渣回收装置的管理和周转，负责标明废液、废渣的主要成分及建议处理方法。

⑦ 发生紧急情况时，作为应急小组成员，协助实验指导教师指挥应急小组的工作。

1.1.4　实验学生相关要求

① 必须主动接受安全教育和培训。必须懂得紧急情况下如何撤离，能够听从教师的指挥和安排，有自救常识。

② 必须认真预习，熟悉实验的原理和操作过程，明确实验的关键点和危险点，否则不得进入实验室。

③ 要有自我保护意识，必须按照要求穿着实验服，必要时佩戴防护眼镜、防护围裙、防护手套等。

④ 实验过程中必须仔细观察、认真记录，不得擅自离开实验装置，不得闲谈，更不准打闹。

⑤ 遵照规定正确使用有毒、有害试剂，能够正确使用通风橱、加热设备等。

⑥ 遵照实验室环保要求，将实验废液、废渣等倒入指定容器中，不得倒入下水道。

⑦ 不得携带试剂等离开实验室。

⑧ 实验结束后要打扫卫生并进行安全检查，离开实验室前要洗手。

1.2　实验仪器设备管理制度

① 实验室仪器安放合理，贵重仪器由专人保管，建立仪器档案，并备有操作方法、保养、维修说明书及使用登记本。

② 各仪器做到经常维护、保养和检查，精密仪器不得随意移动，若有损坏不得私自拆动，应及时报告相关人员，经学院实验中心领导同意后送仪器维修部门。

③ 实验室所使用的仪器、容器应符合标准要求，保证准确可靠，凡计量器具须经计量部门检定合格方能使用。

④ 易被潮湿空气、酸液或碱液等侵蚀而生锈的仪器，用后应及时擦洗干净，放通风干燥处保存。

⑤ 易老化变黏的橡胶制品应防止受热、光照或与有机溶剂接触，用后应洗净置于带盖容器或塑料袋中存放。

⑥ 各种仪器设备（冰箱、温箱除外），使用完毕后要立即切断电源，将旋钮复原归位，待仔细检查后方可离开。

⑦ 一切仪器设备未经部门主管同意，不得外借，使用者应按登记本内容进行登记。

⑧ 仪器设备应保持清洁，一般应有仪器套罩。

⑨ 使用仪器时，应严格按操作规程进行。违反操作规程和因保管不善致使仪器、器械损坏，要追究当事人责任。

1.3 实验标本管理制度

① 学生实验课需要标本时，任课教师要事先通知管理人员，并认真填写"标本使用记录本"。

② 学生实验过程中，任课教师要加强对学生的组织管理，教育学生爱护标本、正确使用标本。

③ 实验标本只供学生实验使用，学生不得损坏标本，也不能将标本拿在手中玩耍，更不能将标本带出实验室。标本若有损坏或丢失，按有关规定处理。

④ 学生实验完毕，要将标本放归原处，摆放整齐，并进行卫生清扫。

⑤ 标本室管理人员要保持标本室内清洁、卫生、通风、干燥。

⑥ 标本室管理人员要经常检查、维护标本，标本要防尘、防霉、防虫咬、防阳光直晒。

⑦ 标本室管理人员要积极配合专业教师采集、制作新标本，以充实标本室，不断加强标本室的建设。

⑧ 对已经腐朽或虫蛀导致不能使用的标本，经实验室主任书面批准后，及时处理，并做好记录。

⑨ 教师领用标本，必须办理登记手续，并及时归还，管理人员必须检查标本的完好情况。

⑩ 所有实验标本不得外借。

1.4 实验药品管理制度

① 依据实验室的教学任务，制订各种药品、试剂采购计划，写清品名、单位、数量、纯度、包装规格等。

② 各种药品应建立账目，专人管理，定期做出消耗表，并清点剩余药品。

③ 药品试剂应分类陈列整齐，放置有序、避光、防潮、通风干燥，标签完整，易燃、

易挥发、腐蚀品种单独贮存。

④ 剧毒药品应锁至保险柜，配置的钥匙由两人同时管理，两个人同时开柜才能取出药品。

⑤ 称取药品试剂应按操作规程进行，用后盖好，必要时可封口或用黑纸包裹，不得使用过期或变质药品。

⑥ 购买试剂由使用人和实验室负责人签字，任何人无权私自出借或馈送药品试剂。

1.5 学生实验守则

① 实验前应认真预习实验指导书，明确实验目的，掌握实验原理及步骤，熟悉仪器性能和使用方法。未经预习或出现事故者，指导教师有权责令其停止实验。

② 进入实验室要遵守实验室各项规章制度，不迟到、不早退，保持环境卫生，不吸烟，不随地吐痰，不乱抛纸屑杂物。不大声喧哗，不随便走动。不得将与实验无关的物品带入实验室，未经允许不得将实验室物品带出实验室。

③ 实验中要遵守所使用设备的操作规程，未经指导教师允许，不准搬弄或动用与本实验无关的仪器设备。要节约用水、用电和易耗品，爱护器材。凡违反操作规程致使仪器损坏者，应按有关管理规定赔偿。

④ 实验准备就绪后，必须经指导教师同意，方可进行正式实验。实验过程中如对实验设备有疑问，应及时向指导教师提出，不得自行拆卸。

⑤ 实验时要注意安全，严格遵守实验室安全制度。实验中如出现故障，应立即向指导老师报告，并停机检查原因，保护现场。

⑥ 实验时必须严格遵守实验操作规程，服从教师指导，认真观察、记录实验现象，如实记录实验数据，实验结果（数据）必须交指导教师审阅。

⑦ 实验完毕，应整理清点好仪器、设备、工具、量具及附件，盖好仪器罩，切断水、电源，搞好清洁卫生，保持室内整洁，经指导教师同意后，方可离开实验室。

⑧ 按规定时间和要求，认真分析、整理和处理实验结果，撰写实验报告，不得抄袭或臆造，按时交教师批阅。

⑨ 进行综合性、设计性实验的学生，在进入实验室前必须做好有关准备工作，认真阅读与实验相关的文献资料，理解实验原理，熟悉仪器性能。凡设计性实验，应预先拟定设计方案，经教师认可后，方可进行实验。

⑩ 对不遵守实验室管理制度的学生，指导教师和实验室管理人员可视情节给予批评教育，直至责令其停止实验。

第 2 章 木材学实验设备基本操作规程

2.1 实验试样制作设备基本操作规程
2.2 木材构造实验设备基本操作规程
2.3 木材物理力学实验设备基本操作规程
2.4 木材化学实验设备基本操作规程
2.5 木材改性实验设备基本操作规程

2.1　实验试样制作设备基本操作规程

2.1.1　精密推台锯操作规程

1．使用、操作方法

① 检查并清理精密推台锯。
② 接通精密推台锯电源及吸尘器电源。
③ 根据需要调节锯片高度及靠山位置。
④ 启动吸尘器及精密推台锯制作试件。
⑤ 试件制作完成后停止精密推台锯及吸尘器。
⑥ 切断精密推台锯及吸尘器电源。
⑦ 清理精密推台锯及吸尘器并打扫制件室。

2．维护要求

① 保持设备及环境的清洁。
② 定期给设备运动部位加润滑油。

2.1.2　卧带式砂光机操作规程

1．使用、操作方法

① 机床的砂带应始终保持锋利状态，砂带锋利不但可以加工出表面质量优良的工件，而且可以延长机床的使用寿命。
② 生产过程中，应集中精力，严禁不合格的物料进入机床，如木料中含有铁钉、砂石等。出现紧急情况应立即切断电源。
③ 机床严禁带病作业。当机床出现怪声、振动、冒烟等不正常情况时应立即停机，切断电源。故障原因未查明、故障未排除，不可开机作业。
④ 机床的调整必须按程序进行操作，一切操作都要可靠切断电源，以防机床意外启动发生危险。
⑤ 机床电气部分非专业人员不得打开，出现故障时应请电工进行检修。

2．维护要求

① 每次实验结束均应清理现场。
② 用完后对机床进行适当保养。

2.1.3 轻型台式钻床操作规程

1．使用、操作方法

① 根据需要安装好合适的钻头。
② 接通钻床的电源。
③ 把需要加工的试件固定在相应的位置。
④ 按下启动键启动钻床。
⑤ 转动手柄加工试件。
⑥ 工作完成后按停止键使钻床停止工作。
⑦ 待钻床完全停止后取出试件。
⑧ 切断钻床电源。
⑨ 卸下钻头。

2．日常维护

① 清洁设备及环境。
② 用完后对机床进行适当保养。

2.2 木材构造实验设备基本操作规程

2.2.1 普通光学显微镜操作规程

1．使用、操作方法

① 实验时要把显微镜放在座前桌面上稍偏左的位置，镜座应距桌沿6～7cm。搬动显微镜时一定要一手握住弯臂，另一手托住底座，要轻拿轻放。显微镜不能倾斜，以免目镜从镜筒上端滑出。
② 插上电源插头，打开电源开关。
③ 将玻片标本放在载物台上，旋转标本移动器，寻找目的物。
④ 移动光亮度调节钮至电光源明亮。
⑤ 调节两目镜间的距离，使两眼能同时看清镜下标本。
⑥ 转换物镜镜头时，不要搬动物镜镜头，只能转动转换器。
⑦ 调节粗细调焦器，使物像清晰。切勿随意转动调焦手轮，使用微动调焦旋钮时，用力要轻，转动要慢，转不动时不要硬转。

⑧ 不得任意拆卸显微镜上的零件，严禁随意拆卸物镜镜头，以免损伤转换器螺口，或螺口松动后使低高倍物镜转换时不齐焦。

⑨ 根据观察需要，旋转物镜转换器转换不同倍数的物镜观察标本（旋转时，由低倍逐步向高倍物镜转换）。使用高倍物镜时，勿用粗动调焦手轮调节焦距，以免移动距离过大，损伤物镜和玻片。

⑩ 显微镜使用完毕，将光亮度调节钮移至零位，载物台下移到底，物镜头转至低倍，检查零件有无损伤（特别要注意检查物镜是否沾水沾油，如沾了水或油要用镜头纸擦净）。

⑪ 关闭电源开关，拔下电源插头，罩上显微镜套。

2．日常维护

① 凡是显微镜的光学部分，只能用特殊的镜头纸与溶液一同擦拭，不能乱用他物擦拭，更不能用手指触摸透镜，以免汗液玷污透镜。

② 保持显微镜的干燥、清洁，避免灰尘、水及化学试剂的玷污。

2.2.2　木材切片机操作规程

1．使用、操作方法

① 将刀安装于切片机刀架上，调节刀刃的方向直至水平。

② 安装、夹紧试样，试样的切面应保持水平，试样的高度应略低于刀刃高度。

③ 调节待切切片的厚度。

④ 来回推动手推器，切片粘在刀刃上，用毛笔将其轻轻刷下，转移至盛有水的容器中。

⑤ 每推动一次，切得一片，待切的片够观察后，把试样取下。

2．日常维护

① 手推感觉明显紧时，应在滑槽上滴上润滑油。

② 使用完后，应用干的布擦拭切片机的各个部位，保持清洁。

③ 每月定期清洁，涂润滑油。

2.2.3　显微照相系统操作规程

1．使用、操作方法

① 接通总电源，打开显微镜电源、显微照相系统控制电脑及显微照相系统操作系统。

② 将玻片放到显微照相系统的显微镜载物台上，选择4倍物镜，将木材的横切面调节到观察视野，调节显微镜的焦距至图像清晰，点击显微照相系统的照相按钮，拍摄其横切面照片，保存文件。

③ 选择10倍物镜，将木材的弦切面调节到观察视野，调节显微镜的焦距至图像清晰，

点击显微照相系统的照相按钮,拍摄其弦切面照片,保存文件。如要拍摄检测样品的径切面,则将径切面调节到观察视野,调节焦距,拍摄、保存文件。

④ 转换物镜镜头时,不要搬动物镜镜头,要顺着方向转动转换器。不得任意拆卸显微镜上的零件,严禁随意拆卸物镜镜头,以免损伤转换器螺口,或螺口松动后使低高倍物镜转换时不齐焦。

⑤ 拍摄完成后,取出玻片,使4倍镜处于正常观察位置。检查物镜镜头上是否沾有水或试剂,如有则要擦拭干净,并且要把载物台擦拭干净。

⑥ 关闭显微镜开关,关闭照相系统操作系统及控制电脑,关闭总电源。

2．日常维护

① 保持照相系统干燥、清洁。

② 每3个月进行一次检查,定期保养维护,给显微镜的镜头转换器擦油,检查控制电脑是否中病毒,检查成像系统CCD工作是否正常等。

2.3 木材物理力学实验设备基本操作规程

2.3.1 电子天平操作规程

1．使用、操作方法

① 检查天平是否水平,即气泡是否位于中央。

② 打开天平的开关。

③ 天平平衡、稳定后开始测量。

④ 打开天平的侧门,放入待测量试样,关上侧门,数字稳定后读数。

⑤ 测量完成后,关闭开关。

2．维护要求

① 称量物质不能直接接触天平,需要用纸或其他物质垫着称量。

② 称量物质不能超过天平的最大量程。

③ 天平应固定,不能随意移动位置。

2.3.2 电热鼓风干燥箱操作规程

1．使用、操作方法

① 把需要烘干的试件按要求放入烘箱。

② 接通烘箱电源。
③ 设定所需温度。
④ 打开鼓风机和加热电源。
⑤ 等待烘干完成。
⑥ 关闭鼓风机和加热电源。
⑦ 切断烘箱电源。
⑧ 取出试件进行其他检测。

2．维护及保养
① 待烘箱内温度降至室温后清洁烘箱。
② 每3个月进行一次检查并保养维护。

2.3.3 恒温露点恒湿气候箱操作规程

1．使用、操作方法

① 实验前要清洗恒温箱，首先用碱性清洗剂清洗箱内壁，再用蒸馏水擦洗两次，然后进行干燥净化。

② 插好电源插头，确保电源有良好的安全地线，以保证安全使用设备。

③ 依次打开电气控制盒侧面的空气开关，接通电源；再打开箱体面板上的电源开关，设备自检各工作点状态。

④ 开始工作后，使其水位保持在中水位。过高时应打开放水阀排水，过低时应向水箱内补加蒸馏水。

⑤ 根据实验要求，分别设定温度控制器和露点控制器的温度（PID参数的设定已在设备出厂前完成，用户只要对温度进行设置即可）。按控制面板上的SET键，进入设定状态，灯亮一下表示可以设定了；按一键，移动光标到相应的数位，按↑键或↓键，即可增加或减少其设定值。例如，要获得23℃、45％的箱内温湿度值，可设置温度控制器的温度为23℃，露点控制器温度为10.5℃。设定结束后，按SET键，控制器所有的灯亮一下，控制器便进入PV／SV显示状态。

⑥ 调整恒温箱上流量计的流量为$1m^3/h$，设备进入自动工作状态。

⑦ 将标准试样放入箱体内的试样架上，关好箱门进入检测程序。

⑧ 气体取样及测试方法按GB 18580—2001中的6.2和GB/T 17657—1999中的4.11.5.5.2进行。

⑨ 实验完毕后，依次关掉电源开关和空气开关。

2．维护及保养
① 气候箱使用的环境温度保持在 15～27℃。
② 周围无强烈振动和强烈磁场影响。
③ 使用的蒸馏水温度不高于30℃。
④ 气候箱长期不用应放出蒸馏水。
⑤ 保持气候箱的清洁。

2.3.4　微机控制电子万能实验机操作规程

1．使用、操作方法
① 接通实验机电源，打开控制实验机的电脑。
② 启动实验机预热 10min。
③ 选择正确的夹具并正确安装。
④ 调整实验机驱动横梁的上下限位。
⑤ 从电脑启动实验机控制程序。
⑥ 选择正确的实验方案。
⑦ 按要求完成实验并打印实验结果。
⑧ 关闭实验机控制程序。
⑨ 把电脑与实验机的连接断开（软连接）。
⑩ 关闭电脑及实验机。
⑪ 断开实验机电源。

2．维护要求
① 保持实验机的清洁。
② 夹具不用时应对其相对运动部分涂抹防锈油。
③ 夹具的夹口要保持清洁并涂抹防锈油。
④ 夹具要用油纸包好保存。

2.4　木材化学实验设备基本操作规程

2.4.1　酸度计操作规程

1．使用、操作方法
① 使用前必须确保仪器各调节器能正常调节，各紧固件无松动。

② 使用复合片电极必须小心，夹在夹子上要牢固，防止碰坏玻璃泡。

③ 测定pH值时，选择开关，使在AC或CD的位置，接通电源，调节"零点"电计指针到pH=Z。

④ 用蒸馏水冲洗电极，把电极插在已知pH值的缓冲溶液中"定位"，温度补偿旋钮指示溶液的温度。

⑤ 测定溶液时，先用蒸馏水冲洗电极并用滤纸把水吸干，然后把电极插在未知溶液中，轻轻摇动试杯使测试液均匀，然后按下读数开关，指针所指的值即为该溶液的pH值。

⑥ 测定后把电极冲洗干净并浸泡在蒸馏水中，关闭电源，盖好仪器。

2．维护要求

① 仪器应置于干燥和平稳的桌子上。

② 发现仪器失准时，应进行检查并送计量所检验修理后再使用。

2.4.2 电热恒温水浴锅操作规程

1．使用、操作方法

① 加入适量的清水，使水面高于电热管上的盖板5cm以上。

② 接通电源，打开电源开关。

③ 调节所需温度，使水浴锅处于工作状态。

④ 工作结束，先关闭电源开关，停止加热，再切断电源。

⑤ 水冷却后才可放出锅中的水。

2．日常维护

保持锅及工作环境的清洁。

2.4.3 甲醛释放量萃取仪操作规程

1．使用、操作方法

① 关上萃取管底部的活塞，加入1000mL蒸馏水，同时加100mL蒸馏水于有液封装置的三角烧瓶中。将600mL甲苯倒入圆底烧瓶中，并加入105～110g试样，精确至0.01g。

② 安装妥当，保证每个接口紧密而不漏气，可涂上凡士林或"活塞油脂"，打开冷却水，使甲苯沸腾开始回流，记下第一滴甲苯冷却下来的准确时间，继续回流2h。在此期间保持每分钟30mL恒定回流速度。这样，一是可以防止液封三角烧瓶中的水因虹吸回到萃取管中，二是可以使穿孔器中的甲苯液柱保持一定的高度，使冷凝下来的带有甲醛的甲苯从孔器的底部穿孔而出并溶于水中。甲苯比重小于1，浮到水面之上，并通过萃取管的小虹吸管而返回到烧瓶中。液-固萃取过程持续2h。

③ 在整个加热萃取过程中,均须有专人看管,以免发生意外事故。在萃取结束时,移开加热器,让仪器迅速冷却,此时三角烧瓶中的液封水会通过冷凝管回到萃取管中,起到了洗涤仪器上半部的作用。

④ 萃取管的水面不能超过标准规定最高水位线,以免甲醛吸收水溶液通过小虹吸管进入烧瓶。为了防止上述现象,可将萃取管中吸收液转移一部分入2000mL容量瓶,再向锥形瓶中加入200mL蒸馏水,直到此系统中压力达到平衡。

⑤ 开启萃取管底部的活塞,将甲醛吸收液全部转到2000mL容量瓶中,再将两份200mL蒸馏水倒入三角烧瓶中,并让它虹吸回流到萃取管中,合并转移到2000mL容量瓶中。将容量瓶用蒸馏水稀释到刻度,若有少量甲苯混入,可用漏管吸除后再定容、摇匀、待定量。

⑥ 在萃取过程中若有漏气或停电间断,此项实验须重新进行。

⑦ 萃取完毕,关闭电源。

2．日常维护

① 仪器应置于干燥和平稳的桌子上。

② 保持仪器及工作环境的清洁。

2.5　木材改性实验设备基本操作规程

2.5.1　真空处理罐操作规程

1．使用、操作方法

① 检查设备的仪表是否灵敏,是否在校验期内,阀门是否开关灵活,如有问题应及时检修及更换。

② 检查设备有无状态标示牌,是否处于清洁状态,是否在有效清洁期内,若超出有效期应重新清洁后方可使用。

③ 接通电源,开启离心泵,形成负压,在负压达到0.5MPa时,开始抽吸上道工序提取液。

④ 开启蒸汽,并逐渐开启已被药液浸没的加热环。

⑤ 待液面升至第五加热环位置时,停止抽液。

⑥ 将负压控制在0.08～0.09MPa,蒸汽压力控制在小于0.15MPa范围内,保证温度不高于工艺要求的温度,从视镜观察液面应呈沸腾状态,不能出现暴沸及药液随二次蒸汽溢出锅外的情况。

⑦ 观察液面下降及沸腾情况，及时向罐内补液，认真观察各压力表指示值不得超出工艺规定的数值。

⑧ 当浓缩液比重达工艺要求值时停机，通过放料阀经40目筛网过滤，物料存入洁净的大白桶中。

⑨ 准确称取物料重量，每个大白桶的盛装量为20～30kg，在桶上加挂桶卡，注明中间产品的名称、批号、数量、生产日期、生产班次，由操作人员签名。

⑩ 将称重好的物料按规定的物流通道送到中间产品库或交下道工序，并办理交接手续。

⑪ 一个批次实验结束后，严格按照SOP的要求清理作业现场，按设备清洁SOP清洁提取罐。

⑫ 做好实验记录及设备运行记录。

2．日常维护

① 设备按规程开关、操作，由专人使用、维修。

② 电器设备应防潮、防水，严禁用湿手触动电器，防止触电。

③ 设备运行过程中，操作人员不得擅自离岗，定时观察蒸汽压力及真空度，若有异常应及时减压，关闭车间总蒸汽阀，并通知车间负责人及时组织检查维修。

④ 放料时应注意控制放料阀门，调整放液速度，以防料液外溅造成人员烫伤。

⑤ 一批实验结束后，应严格按照浓缩罐清洁SOP进行设备的清洁，并严格按清场SOP进行清场。

2.5.2　真空泵操作规程

1．使用、操作方法

① 清理泵体并打扫周围卫生。检查泵驱动端、非驱动端润滑情况。确认进口阀全关，出口阀全开。

② 检查泵体密封处有无渗漏现象，进出口管线、阀门、法兰、压力表接口是否完好，地脚螺栓和联轴器护罩有无松动现象。

③ 通过泵体密封水管向真空泵内送水，盘车，待泵体非驱动端导淋排出水后关闭该导淋。电动机拆线检修后，检查电动机转向是否符合泵头的转向。

④ 将操作柱旋钮由"0"位打到"现场"，按下启动按钮。泵启动后根据出口分液罐排水情况，控制泵体密封水的流量大小。

⑤ 缓慢打开进口阀，开进口阀时，应注意泵体的声音、振动情况和电流的大小情况。阀门开到满足工艺所需即可。

⑥ 注意驱动端与非驱动端的温度情况，泵体有无异常振动、异响，进口压力是否符合

泵的抽真空压力，电动机温度情况及电流是否在规定的量程内。

⑦ 停机前先检查系统各相应设备能否进入停机规程中。关闭进口阀，按下停机按钮。关闭泵体密封水阀、机封冲洗水阀。冬季时，应打开泵体低点排放堵板，排净泵内介质以防冻。

⑧ 备用泵启动前，做好开泵前的准备工作。备用泵启动后，缓慢开启备用泵进口阀，关闭运行泵的进口阀，切换时注意真空度要满足工艺要求。

2．日常维护

① 泵体水量过大时，会形成水击，导致泵体振动大且有异响，还会增大泵的轴功率，甚至会烧坏电动机。

② 水量过小时，造成真空度不足，泵体温度升高。调节水量以泵体出口冷凝液罐无水排出，且真空度正常，泵体无振动、异响为准。

2.5.3　722型光栅分光光度计操作规程

1．使用、操作方法

① 使用仪器前应先检查一下放大器暗盒里的硅胶干燥筒，如受潮变色，应更换干燥的蓝色硅胶或倒出原硅胶，烘干后再用。

② 开启电源，指示灯亮后，选择开关置于"T"，波长调节器置于412nm处，使仪器预热20min。

③ 打开试样室盖（光门自动关闭），调节"0"旋钮，使数字显示为"00.0"，盖上试样室盖，使比色皿架处于蒸馏水校正位置，使光电池受光，调节透射比"100%"旋钮，使数字显示为"100.0%"。连续几次调整"0"和"100%"后仪器即可进行测定工作。

④ 吸光度A的测量。将选择开关置于"A"，以蒸馏水做对比溶液，调节吸光度调零旋钮，使得数字显示为"0.000"，然后将被测样品移入光路，显示值即为被测样品的吸收比的值。

⑤ 如要大幅度改变测试波长，在调整"0"和"100%"后稍等片刻，当稳定后，重新调整"0"和"100%"即可工作。

2．日常维护

① 每次做完实验后应切断电源。

② 用塑料套子罩住整个仪器，以免仪器积灰和受潮。

2.5.4　氧指数测定仪操作规程

1．使用、操作方法

① 首先准备好试样（一般一组试样为15个，试样尺寸具体依据材料实验标准），画好刻度线，放在仪器边备用。

② 在不知道被测试材料氧指数的情况下可预先设定氧指数为32或其他数值，再根据实验情况调节。

③ 打开氧气罐和氮气罐的总阀门，分别调整氧气罐和氮气罐的减压阀，把输出气体的压力控制在0.25MPa，然后打开仪器的氧气和氮气减压阀把压力降到0.1MPa左右，再打开氧气的流量阀把氧气的流量调整到流量计上3.2的位置。这个操作过程中仪器上面的氧气压力表的压力会略微下降，这时可调整仪器上面的氧气减压阀使之重新回到0.1MPa，再调整仪器上面的氧气流量阀把氧气流量计调整到3.2的位置。按照同样的方法把氮气的流量计调整到6.8的位置，这样氧气的浓度为32%。

④ 调节过程有个原则：无论如何调整，氧气和氮气的压力值始终保持在0.1MPa，氧气和氮气的总流量是10L/min，这样氧气的浓度才准确。

⑤ 对于扩散点火法，在试样上端点燃后，火焰的前锋到第一条刻线时开始计时，当火焰的前锋达到第二条刻线时停止计时，如果试样燃烧3min以内，说明氧的浓度高，须降低氧浓度，反之则须提高氧浓度。如果试样燃烧得过快，要重新调整即降低氧气的浓度，直至3min刚好燃烧完50mm的标距，这个值最接近被测试材料的氧浓度值。一般要多做几遍计算出一个平均值，将这个平均值作为被测试样的氧浓度值。注意：一根试样一般只做一次实验，不可重复使用。实验开始要用点火器点燃试样。

⑥ 点燃后，当喷嘴垂直向下时，将火焰长度调节到16±4mm；确认点燃后，立即移去点火器（点燃试样时，注意火焰作用的时间应在30s之内）。

⑦ 以体积百分数表示的氧指数，按下式计算：

$$OI=O_2/(O_2+N_2)\times100\%$$

2．日常维护

① 使用前应仔细阅读使用说明书和氧指数的相关国家标准。

② 使用过程中，当按测试程序检查N_2+O_2压力表超过0.02MPa时，应该检查燃烧筒内是否有炭结、气路堵塞现象。

③ 一次实验结束后应取出试样，擦净玻璃燃烧筒和点火器表面的污物，使玻璃燃烧筒的温度恢复到常温或另换一个常温玻璃燃烧筒，进行下一次实验。

④ 最后一次实验完成后，要关闭氧气瓶和氮气瓶的总阀。

第 3 章 木材学实验的基本要求

3.1　木材学实验用标本的基本要求
3.2　木材学实验报告的基本要求

3.1 木材学实验用标本的基本要求

3.1.1 宏观构造实验用标本

① 要用正确定名的实木标本。教学标本用量较大，损耗也比较大，所以不能与科研模式标本混用。一般要到木材市场购买原木或锯材，专门制作成实验教学用标本。为此，买回来的原木或锯材需要对其进行树种名称鉴定。在标本上贴上标签，标明标本的树种中文名称、拉丁学名、商品材名称。木种鉴定综合训练或考察考核用的标本仅仅编号，相关信息另行造册，由实验管理人员保管。

② 要有一定的尺寸规格。实验用木材标本尺寸可以根据各学校的具体情况来定，一般制作成宽度（径向）60mm、厚度（弦向）20mm、高度（纵向）100mm为宜，尽量包含有心边材、材表或树皮。

③ 要尽量选择宏观特征明显的木材。在选择实验用标本树种时，要尽量选择宏观构造特征明显的树种，并且要兼顾实验教程中给出的所有木材宏观构造特征。

④ 要尽量覆盖实验教程中所列的树种，并应根据各地区、各学校的需要确定树种的数量。

⑤ 要尽量做到每位学生1套标本、1把小刀、1把放大镜。

3.1.2 微观构造实验用标本

① 要用正确定名的切片标本。实验用的切片标本应该由各个学校标本馆中的模式标本制作而成，尽量不要用没有确切名称的木材制作切片标本。木种鉴定综合训练或考察考核用的标本仅仅编号，相关信息另行造册，由实验管理人员保管。

② 要尽量制作成永久玻片标本。切片标本制作费时费钱，所以最好制作成永久切片，可以供多届学生实验用。

③ 要尽量选择微观特征明显的木材。在选择实验用标本树种时，要尽量选择微观构造特征明显的树种，并且要兼顾实验教程中给出的所有木材微观构造特征。

④ 要尽量做到每位学生1套（1盒）切片标本。

3.2 木材学实验报告的基本要求

3.2.1 木材构造特征描述的基本要求

1．木材宏观构造特征描述

① 管孔：主要描述管孔类型、环孔材或半环孔材的早材列数、晚材管孔排列方式、早材至晚材的变化、管孔内含物。

② 轴向薄壁组织：明显或丰富程度，傍管型或离管型。傍管型包含环管束状、翼状、聚翼状、傍管带状，离管型包含轮界状、断续切线状、离管窄带状、离管宽带状。

③ 木射线：分细射线、中射线、宽射线。

④ 树脂（胶）道：正常树脂（胶）道或受伤树脂（胶）道，轴向或径向树脂（胶）道，星散分布或弦列状。

⑤ 心边材：心材大小、心材颜色、无心边材区别的材色。

⑥ 生长轮：明显度、生长轮形状、早材至晚材的变化。

⑦ 树皮：外皮形态、颜色、内皮石细胞形态、内皮花纹形态、有无树脂囊。

⑧ 材表（身）：槽棱明显度、排列状况、网纹、细砂纹、棱条。

⑨ 纹理与结构：直纹理或斜纹理，结构细、中、粗。

⑩ 气味：有无气味，气味种类。

2．木材微观构造特征描述

① 轴向管胞或木纤维：横切面描述的内容包括管胞或木纤维形状、胞壁厚薄，纵切面描述的内容包括纹孔类型和列数、螺纹加厚或螺纹裂隙有无。

② 导管：横切面描述的内容包括管孔类型、管孔组合、导管内含物，纵切面描述的内容包括导管分子穿孔类型、管间纹孔式、导管壁加厚类型。

③ 木射线：射线种类，射线宽度或高度细胞数，射线组织类型，交叉场纹孔（针叶材）类型，射线管胞（针叶材）有无、内壁加厚。

④ 树脂（胶）道：轴向或径向树脂（胶）道，星散分布或弦列状分布。

⑤ 轴向薄壁组织：傍管型包含环管束状、翼状、聚翼状、傍管带状，离管型包含星散或星散-聚合状、轮界状、断续切线状、离管窄带状、离管宽带状。

3.2.2 实验数据记录的基本要求

① 计量单位：按国家法定计量单位及符号记录。

② 数字精确度：按计量单位或实验项目要求的精度记录。例如：以米为单位时，量至

厘米的应记录为 0.01m。

3.2.3 实验报告书写格式的基本要求

① 实验报告使用学校统一制作的实验报告单或报告纸书写。

② 实验过程和实验结果以数据形式表达的,应采用表格式记录与书写。

③ 如果要求按实验教程中给出的表格填写特征或数据,应将该表格转到实验报告纸中书写。

④ 需要绘图的应在实验报告纸上绘图。

第4章 木材构造与木种鉴别实验

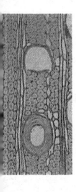

实验1　针叶树材宏观构造
实验2　阔叶树材宏观构造（一）
实验3　阔叶树材宏观构造（二）
实验4　木材树种宏观特征鉴别综合训练
实验5　木材制片技术综合训练
实验6　针叶树材显微构造
实验7　阔叶树材显微构造
实验8　木材解剖分子离析与测量
实验9　针阔叶材木片鉴别与含量测定综合训练
实验10　木材缺陷鉴别综合训练

第4章 木材构造与木种鉴别实验

实验1 针叶树材宏观构造

1．实验目的

本实验重点是掌握针叶树材的树脂道、生长轮（年轮）、早材和晚材、木射线等宏观构造特征，并总结出针叶树材的树脂道、生长轮、早材和晚材、木射线、纹理、结构等宏观构造特征的规律。

2．实验仪器与设备

锋利小刀一把，10倍放大镜一把，木材识别工具书一册。

3．实验材料

马尾杉（*Pinus massoniana*）

细叶云南松（*P.yunnanensis var.Fortunei*）

杉木（*Cunninghamia laceolata*）

铁坚杉（*Keteleeria fortunei*）

银杉（*Cathaya argyrophylla*）

长苞铁杉（*Tsuga longibracteata*）

柏木（*Cupressus funebris*）

4．实验项目与内容

① 树脂道：树脂道分正常（天然）树脂道和受伤树脂道。正常（天然）树脂道一般单个或2～3（5）个弦列分布于早材带或晚材带中，如马尾杉、铁坚杉，见图4-1（a）、图4-1（b）。受伤树脂道通常成串弦列，它还通常出现在无正常（天然）树脂道的木材中，如长苞铁杉，见图4-1（c）。

② 生长轮（年轮）：针叶树材的生长轮多数圆而明显，不明显较少。主要描述生长轮的明显度和形状。

③ 早材和晚材：针叶树材的早材和晚材是按材色深浅区分的，靠生长轮开始处材色较浅为早材，靠生长轮末端处材色较深为晚材。主要描述晚材带的宽窄，早材过渡到晚材的变化是缓（渐）变还是急（突）变。早材过渡到晚材材色逐渐变深者为缓变，早材带与晚材带之间无明显界限，如杉木、柏木，见图4-1（a）、图4-1（e）。早材过渡到晚材材色突然变深者为急变，早材带与晚材带之间有明显界限，如铁坚杉、马尾松，见图4-1（b）、图4-1（d）。

④ 树皮：针叶树材的树皮可分为外皮和内皮。

外皮特征：纵裂者如杉木、柏木、罗汉松；不规则开裂者如马尾松；具栓皮层者如铁坚杉、艮杏。

内皮特征：石细胞粒状者如长苞铁杉、铁坚杉、冷杉；石细胞片状或环状者如马尾松、细叶云南松；内皮具树脂囊（腔）带者如杉木、柏木。

⑤ 木射线：针叶树材的木射线一般较细，肉眼下不见至略可见。

⑥ 结构：针叶树材的结构可分粗细两类，结构粗的如铁坚杉、马尾松、长苞铁杉，结构细的如杉木、柏木、罗汉松。

⑦ 纹理：针叶树材的纹理一般较直。

⑧ 材表（身）：针叶树材的材表一般较平滑。

⑨ 心材和边材：在木材横切面或径切面上观察，靠髓心材色较深部分称心材。靠树皮材色较浅部分称边材。心材和边材区别明显的树种称心材树种。心边材区别明显的有杉木、柏木。区别不明显的有铁坚杉、长苞铁杉。心材大的有杉木、柏木。心材小的有马尾松、云南松。

⑩ 针叶树材分类：根据针叶树材有无正常（天然）树脂道与树脂香气，把针叶树材分为三大类。

脂道材：具正常树脂道者，如松属（*Pinus*）、黄杉属（*Pseudotsuga*）、银杉属（*Cathaya*）、云杉属（*Picea*）、落叶松属（*Larix*）、油杉属（*Keteleeria*），见图4-1（a）、图4-1（b）。

有脂材：无正常（天然）树脂道，但具受伤树脂道或树脂香气者，如杉科、柏科、松科除具正常（天然）树脂道的其他各属木材，见图4-1（c）。

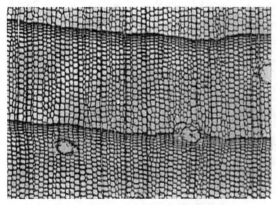 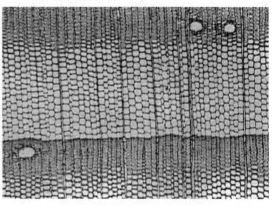

（a）正常树脂道、早材至晚材缓变　　　　（b）正常树脂道、早材至晚材急变

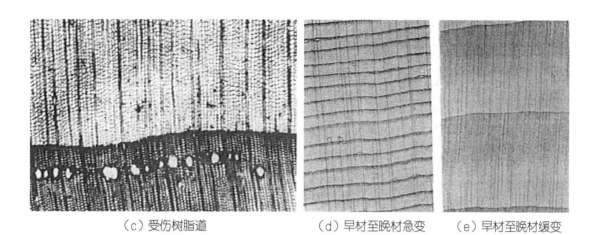

（c）受伤树脂道　　　　　（d）早材至晚材急变　　　（e）早材至晚材缓变

图4-1　实验图片

无脂材：无正常（天然）树脂道又无受伤树脂道或树脂香气者，如银杏科、罗汉松科、三尖杉科、红豆杉科。

5．实验方法

先拿出木材标本，并用小刀将横切面削光滑。取出放大镜，左手持木材标本，右手持放大镜，并调整焦距，直至看到清晰的木材特征。描述的顺序：先为横切面，次为径切面，后为弦切面。亦可按表4-1所列的特征顺序逐项描述。

6．实验要求

① 实验前应认真预习实验指导书。
② 描述的木材标本数量应不少于5个树种。
③ 实验结束时立即上交实验报告。

7．实验报告要求

① 将木材标本上能观察到的构造特征填入表4-1，描述的木材标本数量应不少于5个树种。
② 绘制木材三切面立体图，具树脂道和不具树脂道树种各1种。要求示明树皮、年轮、早晚材、心边材、木射线在三个切面上的形态。

8．实验预习要求

① 熟悉正常树脂道与受伤树脂道的定义和分布特点。

表4-1 针叶树材宏观构造特征记录表

树种名称	树皮				生长轮			树脂道		心边材			木射线	纹理结构	气味	轻重	材表
	外皮形态	内皮			明显度	形状	早晚材变化	正常	受伤	心材		边材颜色					
		石细胞	花纹	树脂囊						大小	颜色						

实验日期： 年 月 日　　　　　　　　　　　　记录者：

② 了解针叶材的生长轮及木射线有何特点。
③ 了解针叶材的心材与边材有何特点。

实验2　阔叶树材宏观构造（一）

1．实验目的

管孔不仅是区分针、阔叶树材最重要的特征，也是识别阔叶树材的重要特征。本实验重点是掌握阔叶树材的管孔类型、环孔材和半环孔材的晚材管孔排列方式、管孔组合与管孔大小、管孔内含物；了解无孔阔叶树材与正常阔叶树材的区别、阔叶树材木射线的宏观构造特征，以及与针叶树材的木射线有何不同。

2．实验仪器与设备
锋利小刀一把，10倍放大镜一把，木材识别工具书一册。

3．实验材料
黄连木（*Pistacia chinensis*）

山合欢（*Albizia kalkora*）

麻栎（*Quercus acutissima*）

香樟（*Cinnamomum camphora*）

蚬木（*Burretiodendron hsienmu*）

轻木（*Ochroma lagopus*）

楝叶吴茱萸（*Euodia meliaefolia*）

榔榆（*Ulnus parviflora*）

榉木（*Zelkova sinica*）

青冈（*Cycrobalanopsis sp.*）

水青冈（*Fagus longipetialasa*）

红椎（*Castanopsis hickelii*）

乌桕（*Sapium sebiferum*）

山龙眼（*Helicia retisulata*）

海南木五加（*Dendropanax chevaieri*）

紫荆（*Madhuca hainanensis*）

深山含笑（*Michelia mauoliae*）

桂南木莲（*Manglietia chingii*）

陀螺果（*Melliodendron xylocarpum*）

4．实验项目与内容
① 管孔：这是指阔叶树材中的导管在木材横切面上呈孔穴状，并且有规律地分布。绝大多数阔叶树材都具有管孔，所以阔叶树材又称有孔材。然而，在我国产的水青树（*Tetracentronsinense*）、昆栏树（*Trochodendronaralioides*）木材中没有管孔，所以它们又称为无孔阔叶树材。

② 无孔阔叶树材的特征：生长轮明显；横切面无管孔；木射线中至宽，肉眼下明显，于生长轮界处略膨大；显微镜下为多列射线；材表灯纱纹明显；木材重量中等；纹理直，

结构略粗，见图4-2（a）、图4-2（b）。

③ 管孔类型：即管孔在木材横切面上的排列方式，可分为6种类型。

环孔材：同一生长轮内，早材管孔比晚材管孔大得多，肉眼下显著，沿生长轮呈环状排成一至数列，如山合欢、麻栎、楝叶吴茱萸、黄连木，见图4-2（c）～（f）。

散孔材：同一生长轮内，管孔大小、疏密近一致，单个或2～3个分布，如轻木、荷木、深山含笑、桂南木莲、润楠，见图4-2（g）和图4-2（h）。

半环孔材：同一生长轮内，管孔大小、疏密及排列均介于环孔材与散孔材之间，如红椎、乌桕、海南木五加、水青冈，见图4-2（i）。

辐射孔材：同一生长轮内，管孔大小近一致，多数呈4个以上径列，或成串排列并与木射线平行或不规则斜列，如紫荆、青冈、稠木，见图4-2（j）。

横列孔材：同一生长轮内，管孔大小近一致，多数成串排列并与生长轮平行，如山龙眼，见图4-2（k）。

交叉（花彩）孔材：同一生长轮内，管孔大小近一致，多数成串交叉排列成网状，如陀螺果，见图4-2（l）。

④ 环孔材及半环孔材早晚材管孔的变化分为两种。

缓变：同一生长轮内，早材管孔至晚材管孔逐渐变小，早材管孔与晚材管孔之间没有明显界线，如山合欢、楝叶吴茱萸、乌桕。

急变：同一生长轮内，早材管孔明显大于晚材管孔，早材管孔与晚材管孔之间有明显的界限，如黄连木、麻栎。

⑤ 环孔材及半环孔材晚材管孔的排列方式分为6种。

单个分布：晚材管孔单个均匀分布，如山合欢。

径列：晚材管孔2～3个或成串径向排列，如麻栎。

树枝状列：晚材管孔成串径、斜列，末端常弯曲或分叉呈树枝状，如红椎。

波列：晚材管孔成串弦向、斜列呈波浪状，如椰榆、榉木。

团列：晚材管孔3个以上呈团状排列，如海南木五加。

人字或之字列：晚材管孔成串排列呈人字或之字状，如黄连木、刺桐。

⑥ 管孔内含物分为3种。

侵填体：指管孔内一种具光泽的泡沫状填充物，如麻栎、椰榆、榉木，见图4-2（n）。

树胶：指管孔内呈红褐色的不定形块状物，如苦楝，见图4-2（m）。

沉积物：指管孔内的不定形矿质固体沉积物。

⑦ 木射线：阔叶树材的木射线比针叶树材发达，多数在肉眼下可见至明显，可分细、中、宽三级。细射线，肉眼下不见或略见，如荷木、桂南木莲、深山含笑。中射线，肉眼

下易见至略明显，如榔榆、榉木、山合欢。宽射线，肉眼下明显至显著，如麻栎、青冈、稠木、水青冈、山龙眼。

5．实验方法

先拿出木材标本，并用小刀将横切面削光滑。取出放大镜，左手持木材标本，右手持放大镜，并调整焦距，直至看到清晰的木材特征。描述的顺序：先为横切面管孔，次为木射线，后为其他特征。亦可按表4-2所列的特征顺序逐项描述。

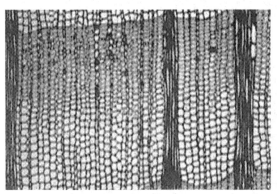

（a）无孔阔叶树材（水青树、横切面）

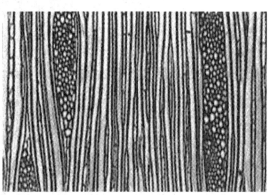

（b）无孔阔叶树材（水青树、弦切面）

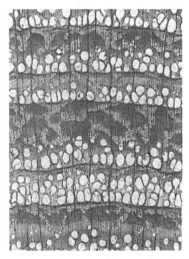

（c）环孔材，急变晚材树枝状

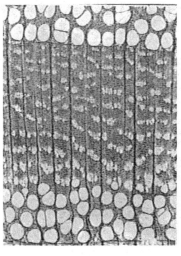

（d）环孔材，缓变晚材波状

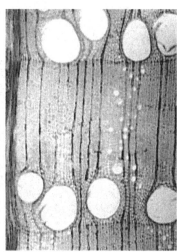

（e）环孔材，急变晚材径列

图4-2

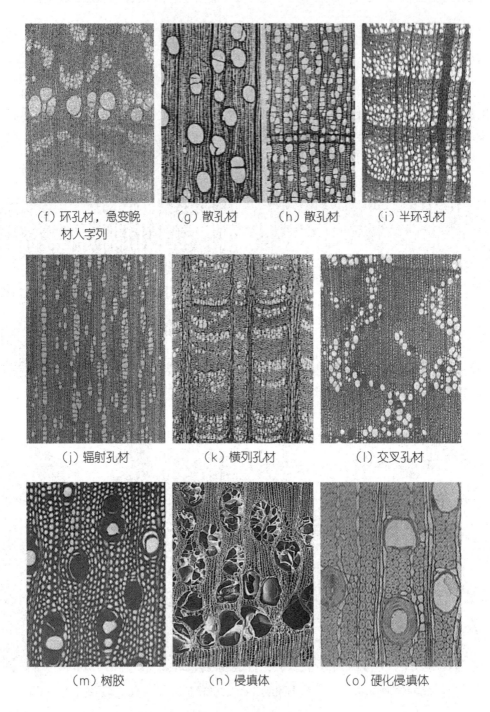

图4-2 实验图片

6．实验要求

① 实验前应认真预习实验指导书。
② 描述木材标本的数量应不少于5个树种。
③ 实验结束时立即上交实验报告。

7．实验报告要求

① 将木材标本上能观察到的构造特征填入表4-2，描述木材标本的数量应不少于5个树种。

表4-2 阔叶树材宏观构造特征记录表（一）

树种名称	树皮		生长轮		管孔					心边材			木射线	树胶道	纹理结构	气味	轻重	材表
	外皮形态	内皮形态	明显度	形状	（半）环孔材				内含物	心材		边材颜色						
					类型	早材	晚材	早晚材变化		大小	颜色							

实验日期： 年 月 日　　　　　　　　　　　　　　　记录者：

② 绘制木材横切面构造图，每个管孔类型各1种。要求示明管孔类型、木射线在横切面上的形态。

8．实验预习要求
① 熟悉管孔的定义、管孔类型、管孔内含物的特点。
② 了解阔叶材的生长轮及木射线有何特点。
③ 了解阔叶材的心材与边材有何特点。
④ 了解无孔阔叶材构造有何特点。

实验3 阔叶树材宏观构造（二）

1．实验目的
轴向薄壁组织与管孔一样，是识别阔叶树材的重要特征。本实验在掌握实验2所描述的宏观构造特征的基础上，重点是掌握阔叶树材的轴向薄壁组织类型和树胶道；同时总结出阔叶树材宏观构造的特点与规律，以及与针叶树材宏观构造的特点与规律有何不同。

2．实验仪器与设备
锋利小刀一把，10倍放大镜一把，木材识别工具书一册。

3．实验材料
香樟（*Cinnamomum camphora*）

青冈（*Cycrobalanopsis sp.*）

乌桕（*Sapium sebiferum*）

子京（*Madhuca hainanensis*）

深山含笑（*Michelia mauoliae*）

荷木（*Schima superba*）

黄果榕（*Ficus sp.*）

君迁子（*Diospyros lotus*）

小叶红豆（*Ormosia microphylla*）

黄檀（*Dalbergia hupeana*）

格木（*Erythrophleum fordii*）

任木（*Zenia insignis*）

野漆（*Rhus succedanea*）

粘木（*Ixonanthes chinensis*）

4．实验项目与内容

管孔、木射线、树皮、材表、生长轮、心边材、纹理、结构、重量、气味等项目内容和描述方法与实验1和实验2相同。

（1）轴向薄壁组织

在木材横切面上观察，可见到一些颜色较周围材色浅，用水润湿后更加明显的组织，这就是轴向薄壁组织。它的分布比较有规律而且比较稳定，是识别阔叶树材的重要特征。根据轴向薄壁组织与导管或维管管胞是否相连接，可将其分为如下类型。

① 傍管（型）薄壁组织：指与导管或维管管胞相连接的轴向薄壁组织。在木材横切面上，轴向薄壁组织围绕在管孔周围分布，可分为下面几种形式。

稀疏环管状：指轴向薄壁组织在导管周围形成不完全的鞘状，如润楠，见图4-3（a）。

环管束状：指轴向薄壁细胞围绕单管孔或复管孔形成圆形至卵形鞘状，如香樟，见图4-3（b）。

翼状：指薄壁组织围绕管孔并沿管孔的一侧或两侧向外延伸，形如翅膀截面形状或眼状，如格木、小叶红豆，见图4-3（c）。

聚翼状：指翼状薄壁组织的翼尖连接，使2个或2个以上的单管孔或复管孔联结起来，并常形成不规则带，如小叶红豆，见图4-3（d）和图4-3（f）。

单侧环管（翼）状：指薄壁组织仅在管孔的一侧形成半圆形的帽，并弦向或斜向延伸呈翼状或聚翼状，见图4-3（e）。

傍管带状：指环管束状或聚翼状薄壁组织相互连接，呈同心细线状或带状。根据薄壁组织带的宽窄，又可分为傍管窄带状（带宽3个细胞以下，宏观下呈同心细线状），如小叶红豆、任木，见图4-3（g）；傍管宽带状（带宽3个细胞以上，宏观下呈同心带状），如黄檀，见图4-3（h）。

② 离管（型）薄壁组织：指与导管或维管管胞不相连的轴向薄壁组织，也就是轴向薄壁组织不围绕在管孔周围分布，可分为下面几种形式。

星散状：单一或成对的轴向薄壁细胞不规则地分布在木材纤维分子之间。宏观下一般分辨不出。

星散-聚合状：指轴向薄壁细胞单个或几个连成长度不定、不连续的弦带或斜线，如椴树，见图4-3（i）。

轮界状：指轴向薄壁组织沿生长轮交界处呈带状分布，如木兰科，见图4-3（j）和图4-3（k）。

网状：指轴向薄壁组织与木射线略等宽、等距，并呈连续或断续切线状。宏观下木射线间距与薄壁组织间距略等宽而形成网状。例如柿树科、番荔枝科，见图4-3（l）和图4-3（m）。

离管带状或梯状：指轴向薄壁组织为有一定间距规律的同心细线或带状，在木材横切面上形似梯状。木射线间距明显大于薄壁组织带间距。根据薄壁组织带的宽窄，又可分为离管窄带状（带宽3个细胞以下，宏观下呈同心细线状），如粘木、青冈、稠木，见图4-3（n）；离管宽带状（带宽3个细胞以上，宏观下薄壁组织带宽与木材纤维带宽接近），如榕属（*Ficus*），见图4-3（o）与图4-3（p）。

（a）稀疏环管状

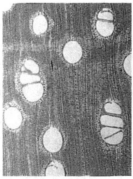
（b）环管束状

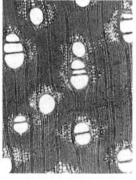
（c）翼状

（d）聚翼状

（e）单侧翼状

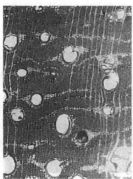
（f）聚翼状

（g）傍管窄带状

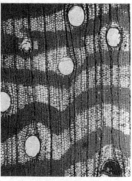
（h）傍管宽带状

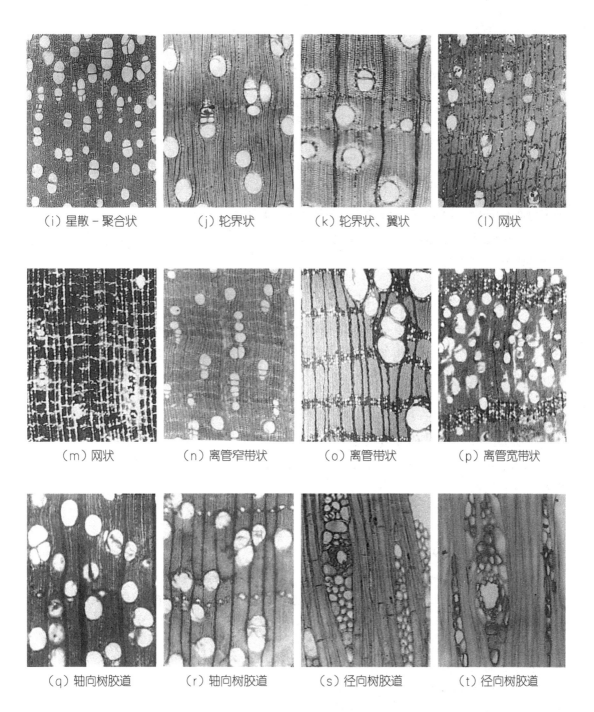

图4-3 实验图片

（2）树胶道

树胶道指阔叶树材中的胞间道，也分正常（天然）树胶道和受伤树胶道。正常（天然）树胶道，又分轴向树胶道和径向树胶道。同时，正常轴向树胶道和径向树胶道很少出现在同种木材中。

正常轴向树胶道：常见于龙脑香科、苏木科木材中。在木材横切面上，轴向树胶道一般小于管孔，单个分布或数个弦列呈带状。例如坡垒、龙脑香、油楠，见图4-3（q）和图4-3（r）。

正常径向树胶道：常见于漆树科、橄榄科、五加科木材中。在木材弦切面上，径向树胶道分布在木射线中间。例如黄连木，见图4-3（s）和图4-3（t）。

受伤树胶道：成串地分布于生长轮开始处。常见于枫香、木棉、桉树、苦楝、樱桃等树种的木材中。

5．实验方法

先拿出木材标本，并用小刀将横切面削光滑。取出放大镜，左手持木材标本，右手持放大镜，并调整焦距，直至看到清晰的木材特征。描述的顺序：先为横切面，次为径切面，后为弦切面。亦可按表4-3所列的特征顺序逐项描述。

6．实验要求

① 实验前应认真预习实验指导书。
② 描述木材标本的数量应不少于5个树种，傍管（型）薄壁组织和离管（型）薄壁组织各不少于3种。
③ 实验结束时立即上交实验报告。

7．实验报告要求

① 将木材标本上观察到的构造特征填入表4-3，描述的数量不少于5个树种。
② 绘制5个树种木材横切面构造图。要求示明管孔类型、轴向薄壁组织类型、木射线宽度等特征。

8．实验预习要求

① 熟悉轴向薄壁组织的定义和类型。
② 熟悉阔叶材的树胶道的定义及分布特点。

表4-3 阔叶树材宏观构造特征记录表（二）

树种名称	生长轮形状	树胶道		轴向薄壁组织			管孔				心边材			木射线	纹理、结构	气味	轻重	材表
								(半)环孔材			心材							
		正常	分布	明显度	傍管型	离管型	类型	早材	晚材	早晚材变化	内含物	大小	颜色	边材颜色				

实验日期： 年 月 日　　　　　　　　　　　　　　　　　记录者：

实验4　木材树种宏观特征鉴别综合训练

1．实验目的

本实验是在掌握实验1～实验3所描述的宏观构造特征的基础上，对木材宏观构造特征描述进行一次系统训练。本实验用的标本全部为进口木材，均为前几次实验尚未描述过的标本。本实验可作为考查实验，检查学生对木材宏观构造特征识别与描述的熟练程度。

2．实验仪器与设备

锋利小刀一把，10倍放大镜一把，木材识别工具书一册。

3．实验材料

花梨木（*Pterocarpus spp.*）

乌木（*Diospyros spp.*）

酸枝木（*Dalbergia spp.*）

柯库木（*Kokoona spp.*）

蚁木（*Tabebuia spp.*）

二翅豆（*Dipteryx spp.*）

柚木（*Tectona grandis*）

古夷苏木（*Guibourtia spp.*）

铁木豆（*Swartzia spp.*）

巴里漆（*Parishia spp.*）

娑罗双（*Shorea spp.*）

坡垒（*Hopea spp.*）

印茄（*Intsia spp.*）

甘巴豆（*Koompassia spp.*）

翼红铁木（*Lophira alata*）

摘亚木（*Dialium spp.*）

坤甸铁木（*Eusideroxylon zwageri*）

4．实验项目与内容

按实验1、实验2和实验3的项目与内容进行。

5．实验方法

按表4-4所列的特征顺序逐项描述。

6．实验要求

① 实验前应认真预习实验指导书。

② 描述木材标本的数量应不少于5个树种。

③ 实验结束时立即上交实验报告。

7．实验报告要求

① 将木材标本上能观察到的构造特征填入表4-4，描述木材标本的数量应不少于5个树种。

表4-4　木材树种宏观特征鉴别训练记录表

树种名称	生长轮形状	树脂道树胶道		轴向薄壁组织			管孔				心边材			木射线	纹理、结构	气味	轻重	材表
		正常	受伤	明显度	傍管型	离管型	类型	（半）环孔材			内含物	心材		边材颜色					
								早材	晚材	早晚材变化		大小	颜色						

实验日期：　　年　月　日　　　　　　　　　　　　　　　记录者：

② 绘制5个树种木材横切面构造图。要求示明管孔类型、轴向薄壁组织类型、木射线宽度等特征。

8．实验预习要求

① 熟悉木材的主要构造特征。
② 了解管孔类型、轴向薄壁组织类型、树脂道和树胶道应在哪个切面上描述。

实验5　木材制片技术综合训练

1．实验目的

在肉眼或放大镜下所看到的是木材宏观构造特征，即木材细胞组织的形态特征。要观察木材细胞分子形态以及木材细胞胞壁特征，也即木材显微构造特征，则首先要将木材按三个切面切成薄片并制成切片玻片，才能在生物显微镜下观察。如果需要长期保存，则要制成永久玻片；如果用于临时观察，无须长期保存，则制成临时玻片即可。本实验重点介绍木材永久玻片的制作方法，并要求学生掌握临时玻片的制作方法，为今后从事木材解剖研究与木材鉴定工作打好基础、练好技能。

2．实验设备、器具与药品

显微镜、木材切片机、磨刀机、切片刀、单面刀片、水浴锅、电炉、培养皿、解剖针、镊子、毛笔、载玻片和盖玻片。

3．实验材料

木材样品（标本）、酒精、甘油、铁矾、蕃红、丁香油、二甲苯、TO液和中性树胶。

4．木材切片方法与步骤

（1）试样制备

①试样截取：试样最好自树干1.3m处或以上正常部位截取。同时最好在靠近心边材交界处的心材或边材部分、生长轮正常部位截取。试样最好不要同时具心材和边材，因为二者软化条件与时间不同，材色不一致，心材切片比边材难。试样截取部位亦可视研究目的而定。试样尺寸（弦×径×高）为20mm×20mm×20mm。

②试样修整编号：试样的弦面、径面、端面必须取正，并且必须刨平，相邻面必须相互垂直。最好用刻痕的方法编号，亦可用铅笔或号码机编号，避免试样处理后编号不清晰。

（2）试样软化

①试样排气：不管采用哪种软化方法，都要先排除试样（木材）内的空气。一般用水煮至试样下沉为止。

②软化方法有以下几种。

水煮软化法：对于材质比较轻软的木材可直接水煮将其软化。该法软化木材，耗时太长。

酒精-甘油软化法：试样水煮后用95％酒精、甘油各50％的混合液浸泡至试样软化。

此混合液尚可作为软化后试样的贮藏剂。

双氧水-冰醋酸软化法：用工业双氧水和冰醋酸各50％的混合液浸泡至试样软化。亦可在水浴锅中加热至试样表面材色淡白或边缘开始离析为止。此法比较快速，是比较常用的软化法。

氟氢酸（HF）软化法：此法有自细胞壁中溶解硅石的作用，但不侵蚀胞间质，又不溶解细胞腔内各种晶体。氟氢酸浸渍木材时间，随各种木材的构造、硬度、试样大小和氟氢酸浓度不同而异。氟氢酸的浓度，一般用10％～40％的水溶液，主要根据木材硬度而定。50％以上则能溶解胞间质，所以很少使用。如欲使用，只能浸渍1～2天，否则易破坏木材。氟氢酸能侵蚀玻璃，经1小时侵蚀，深度约0.2mm。一般木材浸渍1～2个星期，很硬的木材需要浸渍1～2个月才软化。试样软化后要在流水中漂洗2～3天。此法适用于比较重硬的木材，尤其适合软化含丰富沉积物的热带木材。

醋酸纤维素法：试样在70％的酒精中浸渍1～2天后，移入纯丙酮中浸渍2小时，溶去酒精；再移入12％醋酸纤维素丙酮（醋酸纤维素12g，丙酮100mL）中浸渍至软化。软化时间，轻软木材约1～2天；重硬木材约1～2个星期。若能在水浴锅中加热至40℃，软化时间可明显缩短。试样软化后要在丙酮中溶去醋酸纤维素，然后置于酒精或水中备用。

火棉胶（Colloidm或Cellodm）法：此法适合软化特别轻软的木材或出土木材。试样先经排空气和脱水。过程是排空气→水洗→70％酒精→90％酒精→95％酒精、纯乙醚各半，共约4小时。然后置于火棉胶中，或用火棉胶包埋。火棉胶是用固体火棉胶，以95％酒精、纯乙醚各半的溶液将其溶解而成的。浸渍宜在45℃的温箱中进行，并经各种浓度火棉胶浸渍约48小时。具体过程是2％火棉胶→4％火棉胶→6％火棉胶→8％火棉胶→10％火棉胶→10％火棉胶液内逐渐加入固体火棉胶至火棉胶液不能流动为止，并于室温下包埋2天以上。最后将附有火棉胶的试样放置于纯氯仿（Chloroform）中，经12～24小时后火棉胶凝成包埋块，将试样置于等量的甘油和酒精溶液中备用。

电解软化法：将试样置于电解溶液中，并用水浴锅使软化过程保持恒温。

超声波软化法：将试样置于水浴锅中，利用超声波仪进行木材软化。

（3）切片

①安装切片刀：将切片刀紧旋在切片机的刀架中，并调整切片刀的刀刃与试样切面的角度。

②安装试样：先将试样紧旋在切片机的试件夹中，然后转动试件夹的旋钮，使被切的试样切面保持水平，并将旋钮拧紧。

③切片操作：先调整试件夹旋钮，使试样切面接近刀刃，并将旋钮拧紧。然后，调整

切片厚度上升刻度，擦上甘油，右手旋转滑动轮，左手用毛笔接片并置于盛有蒸馏水的培养皿中。

（4）制片

①染色：由于各类细胞的胞壁厚薄不同，胞腔内含物有无与内含物种类不同，对不同的染色剂会发生不同的物理、化学反应，各类细胞的胞壁或胞腔内含物会呈现不同的颜色。根据这一原理，可对切片进行多重染色。但由于木材细胞胞腔通常无内含物，所以木材切片通常用蕃红染成红色。染色前，先将切片用蒸馏水洗干净，后将切片置于盛有蕃红染液的培养皿中，染色时间随切片的厚度及树种而定。染色流程为蒸馏水漂洗（3～5次）→铁矾液（10min）→蒸馏水漂洗（3～5次）→蕃红染液（0.5～2d）。

②脱水：先将切片用蒸馏水漂洗干净，后将切片置于培养皿中。然后用不同浓度的酒精，除净切片材料中的水分。如果切片材料中有水，会使透明剂产生乳白色胶状物，从而影响切片材料的透光性甚至切片的观察效果。脱水流程为漂洗（除去染液）→30％酒精（5min）→50％酒精（5min）→70％酒精（5min）→90％酒精（5min）→无水酒精（10min）→无水酒精（保存至下道程序）。

③透明：为了增强切片的透光性，需要对切片材料进行透明处理。常用的透明剂为丁香油和二甲苯（或TO液）。透明流程为丁香油（10min）→丁香油（5min）→二甲苯（或TO液）（5min）→二甲苯（或TO液）（保存至下道程序）。

④封片：将干净的载玻片放置在定好位置的纸托上，定位时根据切片大小，切片大的，每张盖玻片只封一个切面的切片，三个切面的切片并排在一张载玻片上；切片小的，三个切面的切片可同时封在一张盖玻片中。在预定好的位置上滴上一滴中性树胶，用镊子将切片从二甲苯（或TO液）中取出放置到载玻片的预定位置上。再加少量树胶，用镊子将盖玻片把切片盖好。操作时，用镊子将盖玻片的一边先与载玻片接触，并慢慢地将盖玻片把切片盖好，使树胶均匀分布在盖玻片内。然后用镊子施加压力，排除盖玻片内的气体，但要防止树胶溢出盖玻片外。在载玻片上贴上标签，放置阴干，亦可低温烘干。整个制片的工作宣告结束。

（5）临时玻片制作方法

①试样制备与试样软化：与永久玻片制作方法相同，甚至试样可以不经软化处理。

②徒手切片：临时玻片要求的切片大小、厚薄都不太严格。所以，可用单面刀片代替切片刀。徒手切片时，右手握刀片，刀口向内，左手握标本，刀片于拟切部位自左上向右下拖动，一气呵成。切好后将切片置于盛有蒸馏水的培养皿中。

③染色：将切片漂洗2～3次后置于盛有蕃红染液的培养皿中，染色10min。

④脱水：先将经染色切片用蒸馏水漂洗干净，后将切片置于培养皿中。然后用不同浓度的酒精，除净切片材料中的水分。程序与永久玻片的脱水相同。

⑤透明：为了增强切片的透光性，也可对切片进行透明处理，但只要经1次或2次二甲苯（或TO液）处理即可。

⑥临时封片：取干净的载玻片，并在载玻片中央滴上1滴甘油，用镊子将切片放置到载玻片中央有甘油的位置上。用镊子将盖玻片把切片盖上即可观察，注意不要让甘油弄脏载玻片及盖玻片。

5．实验要求
①实验前应认真预习实验指导书。
②每位学生徒手切片的数量应不少于1个树种。
③实验结束时将自己的徒手切片交实验指导教师验收。

6．实验报告要求
本实验为技能训练，实验报告应包括徒手切片各个步骤的要点，并对自己做的徒手切片效果进行评价。

7．实验预习要求
①熟悉木材切片需要的设备、工具和药品。
②掌握木材软化方法。
③掌握徒手切片相关技巧。

实验6　针叶树材显微构造

1．实验目的
木材显微构造主要观察木材细胞形态以及木材细胞胞壁特征，是木材微观识别的基础。本实验重点掌握针叶树材轴向管胞、树脂道、轴向薄壁组织、木射线在木材三个切面上的显微结构特征，并掌握针叶树材显微结构的规律。

2．实验仪器与设备
生物显微镜。

3．实验材料（木材切片标本）

马尾松（*Pinus massoniana*）

细叶云南松（*P.yunnanensis*）

银杉（*Cathaya argyrophylla*）

杉木（*Cunninghamia laceolata*）

银杏（*Ginkgo beloba*）

油杉（*Keteleeria fortunei*）

4．实验项目与内容

（1）轴向管胞

轴向管胞是构成针叶树材的主要分子，占木材总体积90％以上。它的形态及胞壁特征是识别针叶树材的主要因子。

在横切面上：早、晚材管胞的形状和胞壁的厚薄，早材过渡到晚材的变化。

在径切面上：早、晚材管胞胞壁纹孔的列数及大小，胞壁有无加厚（螺纹加厚、澳柏型加厚），胞壁的其他特征（螺纹裂隙、眉条、径列条）。

在弦切面上：早材或晚材管胞胞壁纹孔的有无及大小，胞壁有无加厚。

（2）树脂道

树脂道是由树脂分泌细胞环绕而成的孔道，常称胞间道。

在横切面上：轴向树脂道的有无，树脂道的分布、形状及大小，树脂道的种类（正常树脂道、受伤树脂道），分泌细胞的类型（管胞型、松木型）。

在弦切面上：径向树脂道的有无，每条纺锤形木射线中央径向树脂道的数量，树脂道的种类（正常树脂道、受伤树脂道），分泌细胞的类型（管胞型、松木型）。

（3）木射线

在弦切面上：观察射线种类（单列射线、对列射线、纺锤形射线）、射线高度（细胞个数）、射线细胞形状，径向树脂道的有无，每条纺锤形木射线中央径向树脂道的数量，分泌细胞的类型（管胞型、松木型）。

在径切面上：观察射线管胞的有无、射线管胞形状、射线管胞内壁特征（平滑、锯齿状、网状），交叉场纹孔类型（窗格型、松木型、云杉型、杉木型、柏木型），每个交叉场内纹孔的数目，射线薄壁细胞形状，垂直壁有无节状加厚，胞腔内含物。

在横切面上：射线分布、细胞形状、细胞内含物。

在径、弦切面上：细胞形状、端壁有无节状加厚、细胞内含物。

5．实验方法

按表4-5所列的特征顺序逐项描述。

表4-5　针叶树材显微构造特征记录表

树种名称	轴向管胞				木射线							轴向树脂道			薄壁组织类型
	形状		早晚材变化	胞壁纹孔	胞壁加厚	种类		径向树脂道	射线管胞			交叉场纹孔		有无	分布	泌脂细胞	
	早材	晚材				单列	纺锤形		有无	内壁		类型	数目				
										平滑	锯齿						

实验日期：　　年　月　日　　　　　　　　　　　　　记录者：

6．实验要求

① 实验前应认真预习实验指导书。
② 描述木材显微构造特征的数量应不少于3个树种。
③ 实验结束时立即上交实验报告。

7．实验报告要求

① 将木材切片标本上观察到的显微构造特征填入表4-5。
② 将图4-4下方给出的特征标注在图中相应位置。

① 单列射线　　　　　⑤ 射线管胞
② 纺锤形木射线　　　⑥ 射线薄壁细胞
③ 径向树脂道　　　　⑦ 轴向管胞胞壁具缘纹孔
④ 螺纹加厚　　　　　⑧ 射线管胞胞壁具缘纹孔

图4-4　实验图片

8．实验预习要求
① 熟悉轴向管胞的定义及其在三个切面的形态。
② 了解何谓交叉场纹孔，交叉场纹孔有几种类型，在木材的哪个切面观察描述。
③ 熟悉树脂道的种类及泌脂细胞的类型。

实验7　阔叶树材显微构造

1．实验目的
本实验重点掌握管孔在横切面上的形状与大小，管孔组合与排列，管孔内含物，导管壁上的特征，木纤维、木射线、轴向薄壁组织、树胶道的种类及其在纵切面上的特征；了解阔叶树材的微观构造。

2．实验仪器与设备
生物显微镜。

3. 实验材料（木材切片标本）

香樟（*Cinnamomum camphora*）
青冈（*Cycrobalanopsis sp.*）
稠木（*Lithocarpus sp.*）
乌桕（*Sapium sebiferum*）
子京（*Madhuca hainanensis*）
润楠（*Machilus sp.*）
深山含笑（*Michelia mauoliae*）
桂南木莲（*Manglietia chingii*）
苦楝（*Melia azedarach*）

4. 实验项目与内容

① 管孔：在横切面上观察管孔的类型（环孔材、散孔材、半环孔材、辐射孔材、横列孔材、花彩孔材）、管孔组合（单管孔、复管孔、管孔链、管孔团）和管孔内含物（树胶、侵填体、沉积物）。

② 导管壁特征：在径、弦切面上观察导管间纹孔式（梯列、对列、互列）和导管壁螺纹加厚，在径切面上观察导管分子端壁穿孔（单穿孔、梯状穿孔、网状穿孔），在弦切面上观察导管分子端壁的倾斜度。

③ 木纤维：在横切面上观察木纤维细胞形状、胞壁厚薄。在径、弦切面上观察木纤维类型，即纤维状管胞（胞壁具缘纹孔）、韧型纤维（胞壁单纹孔）、分隔木纤维（胞壁上有横隔膜）。

④ 木射线：在弦切面上观察木射线种类（单列射线、多列射线、聚合射线），在径切面上观察木射线的组成——同形射线（全由横卧细胞组成）和异形射线（由直立细胞和横卧细胞组成）。

⑤ 轴向薄壁组织：在横切面上观察薄壁组织类型（与宏观构造相同），分为傍管型（环管状、环管束状、翼状、聚翼状、傍管带状）和离管型（星散或星散-聚合状、轮界状、网状、离管带状）。在径、弦切面上观察薄壁组织细胞形状及是否叠生。

⑥ 树胶道：轴向树胶道在横切面上观察，轴向树胶道一般比管孔小，单个分布或数个连成弦列分布。径向树胶道在弦切面上观察，径向树胶道分布在木射线中，通常一条木射线具一个径向树胶道。

⑦ 油细胞：在径、弦切面上观察，油细胞为圆锥形或卵形，通常分布在木射线的上下缘。

5. 实验方法

按表4-6所列的特征，分别观察与描述管孔、导管壁、木纤维、轴向薄壁组织、木射线、油细胞等特征在横切面、径切面、弦切面上的形态。

表4-6 阔叶树材显微构造特征记录表

树种名称	导管						木射线					轴向薄壁组织		树胶道种类	木纤维种类
	管孔类型	管孔组合	内含物	端壁穿孔	管间纹孔式	导管壁加厚	是否叠生	射线种类	射线宽度	射线组织	特种细胞	傍管型	离管型		

实验日期： 年 月 日　　　　　　　　　　　　　　记录者：

6．实验要求
① 实验前应认真预习实验指导书。
② 描述木材显微构造特征的数量应不少于3个树种。
③ 实验结束时立即上交实验报告。

7．实验报告要求
① 将木材切片标本上观察到的显微构造特征填入表4-6。
② 根据图4-5，将管孔、导管壁、木纤维、木射线的特征，填入相应位置。

8．实验预习要求
① 熟悉管孔组合、管间纹孔式、穿孔类型、螺纹加厚等特征。
② 熟悉轴向薄壁类型、射线组织类型、木纤维类型和树胶道类型。

第 4 章 木材构造与木种鉴别实验

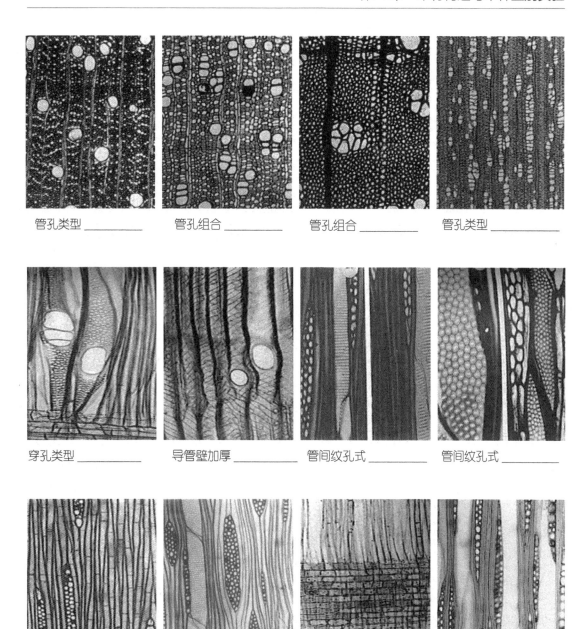

图4-5

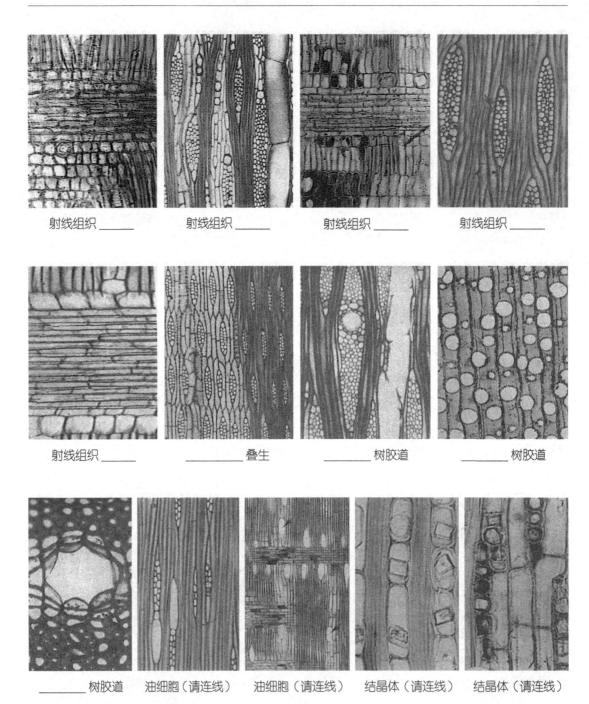

图4-5 木材显微构造图

实验 8　木材解剖分子离析与测量

1．实验目的

木材切片的显微观察，往往还不能全面地反映出各种木材细胞整体形状、尖端形状、胞壁整体构造的特点；在研究木材构造的过程中，又往往要求我们能识别木材的各种解剖分子和它们构造上的特征；同时，在研究木材性质以及加工利用时，还必须了解与测量木材各种解剖分子的尺寸。由此必须利用离析方法，将木材的解剖分子分离开来，才能观测到它们的特征与形态尺寸。

2．实验设备、器具与药品

显微镜、载玻片、盖玻片、电热器、水浴锅、毛笔、解剖针、烧杯、试管、硝酸、氯酸钾。

3．木材细胞的分离方法

通常利用化学处理的方法分解木材细胞的胞间层，使细胞得到分离，其方法随木材的性质而异，一般常用的为硝酸法，其具体操作步骤如下。

① 将木材劈成火柴杆大小，放入试管中，注水淹没木材，然后将试管放入水浴锅中加热煮沸，以排除其中的空气，至木材全部下沉为止。

② 将试管中的水倒出，加入硝酸（30%）和一些氯酸钾，再放在水浴锅中煮，待木材变成黄白色或白色时，用玻棒试触木材是否软化，若已软化，倒去硝酸。

③ 待试管冷却后，以水冲洗数次，至无酸为止。

④ 注水于试管中，用手指按着试管口用力振荡，木材细胞则被分离，木材变为木浆。

⑤ 用毛笔和解剖针挑出少许木浆置于载玻片上，加水一滴，使木材细胞分离，盖上盖玻片，用吸水纸吸去盖玻片上多余水分后，即可置于显微镜下观察。

4．显微镜下接目测微尺每格长度的测定

① 将接物测微尺置于显微镜载物台上。

② 将接目测微尺放入显微镜的目镜筒中（记下目镜的放大倍数：10 倍或 16 倍）。

③ 在某放大倍数（4 倍、10 倍、40 倍）的物镜下，移动接物测微尺，使其零度与接目测微尺的零度重合，再观察接目测微尺与接物测微尺相互重合的格数。

例如，在 10 倍的物镜下，接目测微尺上为 50 格，而接物测微尺上为 66 格，则接目测微尺上每格长度应为

$$\frac{66\times10}{50}=13.2（\mu m）$$

一般接物测微尺全长为1mm或2mm，分为100格或200格，即每格为10μm。

④ 按上述方法，分别求出在4倍和40倍的物镜下，接目测微尺上的每格长度。如果接目测微尺用于另一台显微镜，则应重新测定接目测微尺在某放大倍数（4倍、10倍、40倍）物镜下的每格长度，并将显微镜编号及目镜与物镜的号次记下。

5．木材解剖分子的测定

利用接目测微尺测定木材细胞尺寸，通常在低倍镜下测量细胞的长度，在高倍镜下测量细胞壁的厚度、细胞直径和细胞腔的直径。例如，某接目测微尺在10倍的物镜下每格长度为13.2μm，测量某细胞的长度为100格，则细胞的长度为100×13.2μm＝1320μm。

6．实验及实验报告要求

① 在所给的木材样品（树种）中任选一种进行离析。
② 观察并描述轴向管胞或木纤维的形态及其胞壁上的特征，最好绘出形态草图。
③ 测定8～10根轴向管胞或木纤维的长度、直径、细胞双壁厚度，将结果填入表4-7。

表4-7　木材的解剖分子特征与形态尺寸测定记录表

细胞种类	细胞形态特征					细胞形态尺寸						
	细胞性状		胞壁特征		其他	长度			直径			壁厚	
	整体	两端	纹孔	加厚		μm/格	格数	μm	μm/格	格数	μm	格数	μm

续表

细胞种类	细胞形态特征					细胞形态尺寸						
	细胞性状		胞壁特征		其他	长度			直径		壁厚	
	整体	两端	纹孔	加厚		μm/格	格数	μm	μm/格	格数	μm	格数	μm

实验日期： 年 月 日 记录者：

7．实验预习要求
① 熟悉木材分子离析所需设备、工具和药品。
② 熟悉木材分子的离析方法和测定方法。

实验9 针阔叶材木片鉴别与含量测定综合训练

1．实验目的

国家标准GB/T 7909—1999《造纸木片》和林业行业标准LY/T 1794—2008《人造板木片》均规定了针阔叶材木片的区分方法和木片含量的测定。然而，在木片检验时按常规方法将针阔叶树材木片区分开来是很困难的，只有利用化学的方法才能快而准地将这两类木片区分开来。本实验是在掌握利用木材构造特征鉴别针阔叶树材的基础上，让学生学习利用化学的方法对针阔叶树材进行鉴别。本实验按照GB/T 7909—1999《造纸木片》和LY/T 1794—2008《人造板木片》规定的方法进行，实验用的材料均为生产纤维板或刨花板用的木片，以求切合生产实际。本实验可作为考查实验，检查学生的实际操作能力。

2．实验仪器与设备

木片套筛、电子天平、10倍放大镜。

3．实验材料

① 化学药剂：高锰酸钾、盐酸、氨水。

② 人造板木片：松木（*Pinus spp.*）、桉木（*Eucalyptus spp.*）和相思木（*Acacia spp.*）。

4．实验项目与内容
① 各筛层木片比率的测定。
② 树皮含量的测定。
③ 腐朽木片含量的测定。
④ 针阔叶树木片区分。

5．实验方法
（1）各筛层木片比率的测定
从散堆或袋装的混合木片中随机抽取2000g试样，然后将其分成两半，用感量0.1g天平或电子秤称取木片1000g，放入成套测定筛第一层筛套内（各层筛筛孔直径和层次按木片用途或合同要求设置），筛动2min，然后分别称量每层筛上存留和通过最底一层筛孔的木片量，精确至1g。超厚度的木片挑出来为大片量。各筛层上存留木片的比率按下式计算：

$$X_n = \frac{G_n}{G} \times 100$$

式中：

X_n——各筛层上存留木片比率，%；
n ——筛层；
G ——试样总重量，g；
G_n——筛层上存留木片重量，g。

（2）树皮含量的测定
用感量0.1g的天平或电子秤从试样中称取1000g木片，将里面的树皮挑出称重。树皮含量按下式计算：

$$X_p = \frac{G_p}{G} \times 100$$

式中：

X_p——树皮含量，%；
G ——试样总重量，g；
G_p——树皮重量，g。

（3）腐朽木片含量的测定
利用测定树皮含量的试样（重量仍按1000g计算），将里面的腐朽木片挑出称重。腐朽木片含量按下式计算：

$$F = \frac{G_F}{G} \times 100$$

式中：

F ——腐朽木片含量，%；

G ——试样重量，g；

G_F ——腐朽木片重量，g。

（4）针阔叶树木片区分

将备用试样充分混合，用感量0.1g天平或电子秤称取木片100g供实验用。

将试样装入容量为2000mL的容器，注入浓度为1%的高锰酸钾溶液，浸泡2min后将溶液倒出，用清水洗涤木片。再用同样方法将木片倒入浓度为12%的盐酸溶液浸泡2min，捞出洗涤。最后将试样倒入浓度为1%的氨水溶液中浸泡1min，捞出不再洗涤。

经过上述方法处理的试样木片，针叶木片呈黄色，阔叶木片则呈深红色。按不同颜色将木片区分开后，用吸水纸吸去木片表面附着的水，然后分别称重。针叶和阔叶木片含量按下面两个公式计算：

$$X_{针} = \frac{G_1}{G_1 + G_2} \times 100$$

$$X_{阔} = \frac{G_2}{G_1 + G_2} \times 100$$

式中：

$X_{针}$ ——针叶木片含量，%；

$X_{阔}$ ——阔叶木片含量，%；

G_1 ——针叶木片重量，g；

G_2 ——阔叶木片重量，g。

6．实验要求

① 实验前应认真预习实验指导书。

② 实验结束时立即上交实验报告。

7．实验报告要求

① 采用学校统一使用的实验报告单。

② 填写实验过程，计算树皮含量、腐朽木片含量、针阔叶木片含量和各筛层木片比率。

8．实验预习要求
① 熟悉木片比率、树皮含量、腐朽木片含量的测定方法。
② 熟悉区分针阔叶树木片的方法。

实验 10　木材缺陷鉴别综合训练

1．实验目的

木材缺陷是影响木材品质与等级的重要因子，也是木材学的重要内容。掌握木材缺陷的种类、形成原因及其对材质与产品的影响，对指导木材及其产品加工、质量检验、材质改良和合理利用具有重要的意义。

本实验根据GB/T 155—2006《原木缺陷》和GB/T 4823—2013《锯材缺陷》两个国家标准，让学生认知木材主要缺陷的名称定义和缺陷种类，为学生毕业后从事木材加工和质检工作提供理论基础与实操技能。

2．实验仪器与设备

锋利小刀、10倍放大镜、木材检验工具书一册。

3．实验材料

有各种缺陷的木材标本，或到集材场现场选取。

4．实验项目与内容

（1）节子鉴别

包含在树干或主枝木质部中的枝条部分称为节子。

① 活节：节子年轮与周围木材紧密连生，质地坚硬，构造正常，由树木的活枝条形成，也称健全节，见图4-6。

② 死节：由树木的枯死枝条所形成，节子年轮与周围脱离或部分脱离，质地坚硬或松软，在板材中

图4-6　活节

有时脱落而形成空洞,见图4-7。

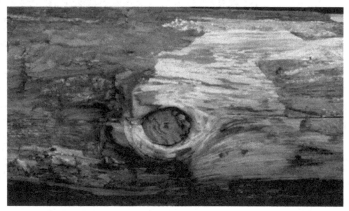

图4-7 死节

③ 腐朽节:节子本身已腐朽,但并未透入树干内部,节子周围材质仍完好。腐朽节生成的原因是真菌孢子通过枝的断口在枝材中着生,引起节子木质腐朽,但未造成周围材质的明显变化。在用材中按死节对待,见图4-8。

④ 漏节:不仅节子本身已腐朽,而且透入树干内部,造成树干内部腐朽,所以漏节是树干内部腐朽的外部特征,见图4-9。

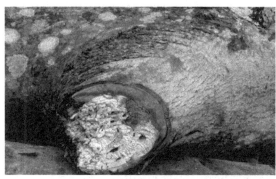

图4-8 腐朽节

图4-9 漏节

⑤ 圆形节:节子断面呈圆形或椭圆形(椭圆形节指节子断面长径与短径之比不足3者),多表现在圆材的表面和锯材的弦切面上,见图4-10。

⑥ 条状节:在锯材的径切面上呈长条状,节子纵切面的长径与短径或长度与宽度之比等于或大于3,多由散生节经纵割而成,见图4-11。

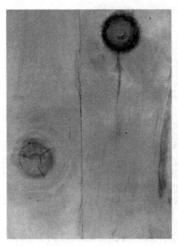
图4-10 圆形节

图4-11 条状节

（2）裂纹鉴别

木材纤维沿纹理方向发生分离所形成的裂隙称为开裂或裂纹。裂纹主要有以下几种。

① 端裂：呈现在原木或锯材端面的裂纹，可分为径裂和环裂。

径裂：在心材和熟材内部，从髓心沿半径方向开裂的裂纹。常产生在立木中，伐倒后在干燥过程中将会继续扩展，见图4-12。

环裂：按年轮方向开裂的裂纹，包括轮裂。常产生在立木中，伐倒后在干燥过程中会继续扩展。开裂占年轮圆周的一半或以上者为环裂，开裂占年轮圆周不到一半者为轮裂，见图4-13。

图4-12 单径裂

图4-13 环裂

② 纵裂：在原木的材身或材身与端面同时出现的裂纹。纵裂按形成方式分为冻裂（震击裂）和干裂。

深纵裂：纵裂深度大于相应原木端面直径1/10的裂纹，见图4-14。

炸裂：因应力作用，原木断面径向开裂成三块或三块以上，其中有三条裂口的宽度均等于或大于10mm，见图4-15。

图4-14 深纵裂

图4-15 炸裂

（3）干形缺陷

干形缺陷主要是弯曲，弯曲是由于树干变形使原木纵轴偏离两端面中心连线所产生的缺陷。弯曲按形状分为单向弯曲和多向弯曲，分别见图4-16和图4-17。

图4-16 单向弯曲

图4-17 多向弯曲

（4）木材构造缺陷

在原木和锯材中，由于不正常的木材结构所形成的各种缺陷称为木材构造缺陷。主要有以下几种。

① 扭转纹与斜纹：因原木材身木纤维排列与树干纵轴方向不一致而形成的螺旋状纹理称为扭转纹，见图4-18；扭转纹在锯材板面上形成斜纹，见图4-19。

 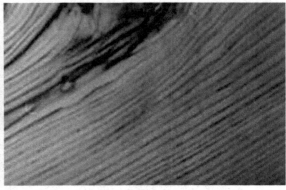

图4-18　扭转纹（圆材）　　　　　　　　图4-19　斜纹（锯材）

② 双心或多心木：原木的一端有两个或多个髓心并伴随独立的年轮系统，而外部被一个共同的年轮系统所包围，见图4-20和图4-21。

 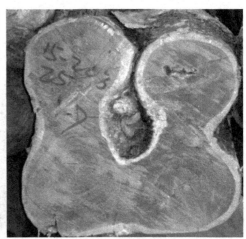

图4-20　双心材　　　　　　　　　　　图4-21　多心材

③ 偏枯：树木在生长过程中，树干局部受创伤或烧伤后，因表层木质枯死裸露而形成。通常沿树干纵向伸展，并沿径向凹进去，见图4-22和图4-23。

图4-22 偏枯（端面）

图4-23 偏枯（材身）

④ 夹皮：树木受伤后继续生长，将受伤部分的树皮和纤维全部或部分包入树干而形，伴有径向或条状的凹陷。夹皮可分为内夹皮和外夹皮，分别见图4-24和图4-25。

图4-24 内夹皮

图4-25 外夹皮

⑤ 树瘤：指在树干上局部木材组织不正常增长所形成的瘤状物，外形多样，近圆形或椭圆形，瘤内主要是夹皮、涡纹或小节芽，通常很少有腐朽。树瘤多见于阔叶树，很少出现在针叶树上，其生成原因主要是树木在生长过程中其木材组织因局部受伤或生理影响刺激细胞分裂而增生形成，见图4-26。

图4-26 树瘤

(5) 腐朽

木材由于木腐菌的侵入分解,逐渐改变其颜色和结构,使细胞壁受到破坏,物理、力学性质随之发生变化,最后变得松软易碎,呈筛孔状或粉末状等形态,这种状态即称为腐朽。腐朽分为边材腐朽和心材腐朽。

① 边材腐朽(外部腐朽):树木伐倒后,木腐菌自边材外表侵入所形成。因边材腐朽产生在树干周围的边材部分,故又称外部腐朽,见图4-27。

图4-27 边材腐朽　　　　　　　　图4-28 心材腐朽

② 心材腐朽(内部腐朽):立木受木腐菌侵害所形成的心材部分的腐朽。因在树干的

内部，故又称内部腐朽，见图4-28。

（6）伤害

因各种昆虫、鸟兽的蛀蚀，或者人为的烧伤、机械损伤等对树木或伐倒木造成的损害称为伤害。伤害主要有昆虫伤害和机械伤害。

昆虫蛀蚀木材而留下的沟槽和孔洞，通常称为虫眼。

小虫眼：深层虫眼的直径小于3mm，见图4-29。

大虫眼：深层虫眼的直径等于或大于3mm，见图4-30。

图4-29　小虫眼　　　　　　　　　图4-30　大虫眼

蜂窝状孔洞：指由粉蠹类、白蚁或海生钻孔动物等密集蛀蚀破坏木材形成蜂窝状或筛孔状，白蚁巢见图4-31。

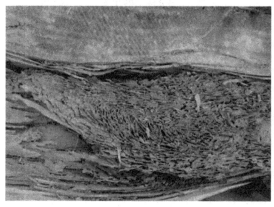 

图4-31　白蚁巢

（7）木材加工缺陷

加工缺陷指木材在锯解加工过程中所造成的表面损伤。主要有缺棱和翘曲。

① 缺棱：多半是为了提高出材率而残留在锯材上的圆角，即缺棱。而锯口缺陷则主要是由于机械或锯条质量和维护技术问题，其次是锯解工人的技术不熟练等原因形成。

钝棱：锯材宽、厚度方向的材棱未着锯的部分，见图4-32。

锐棱：锯材材边局部长度未着锯的部分，见图4-33。

图4-32　钝棱　　　　　　　　　图4-33　锐棱

② 翘曲：指锯材在锯割、干燥和保管过程中所产生的弯曲现象。按弯曲方向可分为顺弯、横弯、翘弯和扭曲。

顺弯：材面沿材长方向呈弓形的弯曲。顺弯可分为单向顺弯和多向顺弯，见图4-34。

横弯：在与材面平行的平面上，材边沿材长方向呈横向弯曲，即左右弯，见图4-35。多由两侧边纹理倾斜不一致。

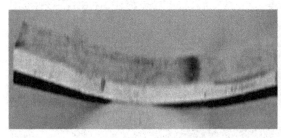 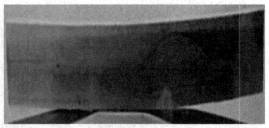

图4-34　顺弯　　　　　　　　　图4-35　横弯

翘弯：锯材沿材宽方向呈瓦形的弯曲，见图4-36。常因弦切板径、弦向收缩差异所致。

扭曲：沿材长方向呈螺旋状的弯曲，材面的一角向对角方向翘起，即四角不在一个平面上，见图4-37。

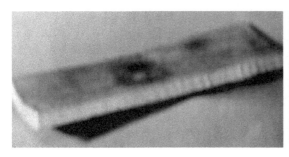　　　

图4-36　翘弯　　　　　　　　　　　图4-37　扭曲

5．实验方法
根据实验指导教师指定的缺陷原木或锯材，逐根观察判定。

6．实验要求
① 实验前应认真预习实验指导书。
② 描述缺陷原木或锯材的数量应不少于10根，并将各种缺陷绘制成草图。
③ 实验结束时立即上交实验报告。

7．实验报告要求
① 将各根缺陷原木或锯材所观察到的缺陷种类绘制到实验报告纸上。
② 观察和描述的缺陷原木或锯材数量应不少于10根。

8．实验预习要求
① 熟悉木材各种缺陷的定义和形态特征。
② 了解木材各种缺陷形成的原因。

第 5 章 木材物理力学性质实验

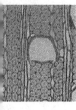

实验 11　木材含水率、干缩性和气干密度的测定
实验 12　木材顺纹抗压强度的测定
实验 13　木材抗弯强度及抗弯弹性模量的测定
实验 14　木材顺纹抗剪强度的测定
实验 15　木材冲击韧性的测定
实验 16　木材硬度的测定

实验 11　木材含水率、干缩性和气干密度的测定

1．实验目的
掌握国家标准 GB/T 1931—2009《木材含水率测定方法》、GB/T 1932—2009《木材干缩性测定方法》和 GB/T 1933—2009《木材气干密度测定方法》。

2．实验仪器与设备
天平、烘箱、干燥器、千分尺。

3．实验材料
实验树种根据具体条件，在实验前确定。

试样尺寸为 20mm×20mm×20mm。含水率、干缩性和气干密度在同一试样上测定。

4．实验方法
（1）烘干前试样的测量和称重

在试样各相对面的中心位置，用千分尺分别测出弦向、径向和顺纹方向的尺寸，准确至 0.01mm，随即称重，准确至 0.001g。

（2）试样的烘干

将试样放入烘箱内，开始温度保持 60℃约 6h，然后将温度提至 103±2℃再烘 10h 后，从中选定 2~3 个试样进行第一次试称，以后每隔 2h 称量一次，至最后两次质量之差不超过 0.002g 时，试样即达到全干。将试样自烘箱内取出，放入干燥器内冷却。

（3）烘干后试样的称重和测量

试样冷却至室温后，自称量瓶中取出称重，准确至 0.001g。

试样称重后，立即于各相对面的中心位置，分别测出弦向、径向和顺纹方向尺寸，准确至 0.01mm。测量尺寸的千分尺应与烘干前试样测量用的千分尺同号，以减少仪器误差。

（4）结果计算

① 试样含水率（W）按下式计算，以百分率计，准确至 0.1%：

$$W = \frac{G_g - G_h}{G_h} \times 100$$

式中：G_g——实验时试样质量，g；

　　　G_h——烘干后试样质量，g。

② 试样弦向或径向的干缩率（S_L），均按下式计算，以百分率计，准确至0.1%：

$$S_L = \frac{L_g - L_h}{L_g} \times 100$$

式中：L_g——气干试样弦向或径向的尺寸，cm；

　　　L_h——烘干后试样弦向或径向的尺寸，cm。

③ 体积干缩率（S_v）按下式计算，以百分率计，准确至0.1%：

$$S_v = \frac{V_g - V_h}{V_g} \times 100$$

式中：V_g——气干试样体积，cm³；

　　　V_h——烘干后试样体积，cm³。

④ 弦向或径向的干缩系数（K_L），按下式计算，以百分率计，准确至0.001%：

$$K_v = \frac{L_g - L_h}{L_g \cdot W} \times 100\%$$

式中：W——实验时试样的含水率，%。

⑤ 体积干缩系数（K_v），按下式计算，以百分率计，准确至0.001%：

$$K_v = \frac{V_g - V_h}{V_g \cdot W} \times 100\%$$

式中：W——实验时试样的含水率，%。

⑥ 气干密度（P_q），按下式计算，准确至0.001g/cm³：

$$P_q = \frac{G_g}{V_g}$$

式中：G_q——气干试样的质量，g；

　　　V_q——气干试样的体积，cm³。

⑦ 气干密度按下式换算为含水率12%时的密度（P_{12}），准确至0.00lg/cm³：

$$P_{12} = P_q[1 + 0.01(1 - K_v)(12 - W)]$$

式中：K_v——体积干缩系数，%；

　　　W——实验时试样的含水率，%。

5．实验要求

每人测定5～10个试样。

6．实验报告要求

① 完成表5-1和表5-2。

第 5 章　木材物理力学性质实验

表 5-1　木材干缩性和气干密度测定记录表

树种：　　　产地：　　　实验室温度：　　℃　　　相对湿度：　　%

试件编号	试样尺寸/mm						试样体积/cm³		试样质量/g		含水率/%
	实验时			全干时			实验时	全干时	实验时	全干时	
	弦向	径向	纵向	弦向	径向	纵向					

实验日期：　　年　月　日　　测定地点：　　　测定人：　　　审核人：

表 5-2　木材干缩性和气干密度测定结果记录表

树种：　　　产地：　　　实验室温度：　　℃　　　相对湿度：　　%

试件编号	干缩率/%			干缩系数/%			木材气干密度/(g/cm³)		
	弦向	径向	体积	弦向	径向	体积	气干	全干	含水率12%

实验日期：　　年　月　日　　测定地点：　　　测定人：　　　审核人：

② 以 4～6 人为一组统计试样含水率、干缩性和气干密度的算术平均值、标准差、标准误差、变异系数和实验准确系数。

7．实验预习要求
① 熟悉木材含水率、木材干缩性和木材气干密度的定义。
② 熟悉木材含水率、木材干缩性和木材气干密度测定的国家标准及方法。

实验 12　木材顺纹抗压强度的测定

1．实验目的
熟悉与掌握国家标准 GB/T 1935—2009《木材顺纹抗压强度实验方法》。

2．实验仪器与设备
万能木材力学实验机、游标卡尺、天平、烘箱、干燥器、手锯。

3．实验材料
实验树种根据具体条件，在实验前确定。

试样尺寸为 20mm×20mm×30mm，其长轴与木材纹理平行。当一树种试材的年轮平均宽度在 4mm 以上时，试样尺寸应增大为 50mm×50mm×75mm。

4．实验方法
（1）实验步骤
① 实验前用游标卡尺在试样长度方向中间位置，测量厚度及宽度，准确至 0.1mm。
② 将试样放在实验机球面活动支座的中心位置，以均匀速度加荷，在 1.5～2.0min 内使试样被破坏，即实验机的指针明显地退回为止。将破坏荷载填入表 5-3 中，准确至 100N。
③ 试样被破坏后，对长 30mm 的试样称重，长 75mm 的试样应立即在长度方向中部截取长约 10mm 的木块一个，进行称重，准确至 0.001g，然后按实验 11 的方法测定木材含水率。
（2）结果计算
① 试样含水率为 $W\%$ 时的顺纹抗压强度，应按下式计算，准确至 0.1MPa：

$$\delta_W = \frac{P_{max}}{ab}$$

式中：P_{max}——破坏荷载，N；

b——试样宽度，mm；

a——试样厚度，mm。

② 试样含水率为12%时的顺纹抗压强度，应按下式计算，准确至0.1MPa：

$$\delta_{12}=\delta_{W}[1+0.05(W-12)]$$

式中：δ_W——试样含水率为W%时的顺纹抗压强度，MPa；

W——试样含水率，%。

试样含水率在9%～15%范围内，按此公式计算有效。

5．实验要求

每人测定5～10个试样。

6．实验报告要求

① 完成表5-3。

表5-3　木材顺纹抗压强度测定记录表

树种：　　　产地：　　　实验室温度：　　℃　　　相对湿度：　　%

试样编号	试样尺寸（mm）		受压面积（mm²）	破坏荷载（N）	试样质量（g）		含水率（%）	顺纹抗压强度（MPa）	
	宽度	厚度			实验时	全干时		实验时	含水12%时

实验日期：　年　月　日　　　测定地点：　　　测定人：　　　审核人：

② 以4～6人为一组统计木材顺纹抗压强度的算术平均值、标准差、标准误差、变异系数和实验准确系数。

7．实验预习要求
熟悉木材顺纹抗压强度测定的国家标准及方法。

实验13　木材抗弯强度及抗弯弹性模量的测定

1．目的
熟悉并掌握GB/T 1936.1—2009《木材抗弯强度实验方法》和GB/T 1936.2—2009《木材抗弯弹性模量实验方法》。

2．实验仪器和设备
万能木材力学实验机、游标卡尺、天平、百分表、手锯、记录表。

3．实验材料
实验树种：根据具体条件，在实验前确定。

试样尺寸：试样尺寸为20mm×20mm×300mm，其长轴与木材纹理相平行。抗弯弹性模量和抗弯强度实验只做弦向实验，并允许使用同一试样。每试样先做抗弯弹性模量实验，然后进行抗弯强度实验。

4．实验方法
（1）试样测量

在试样长度方向中间位置，用游标卡尺测量径向尺寸为宽度b，弦向尺寸为高度h，准确至0.1mm。

（2）抗弯弹性模量实验步骤

① 采用弦向两点加荷，用百分表或其他测量线位移的仪表测量试样变形。实验机见图5-1。

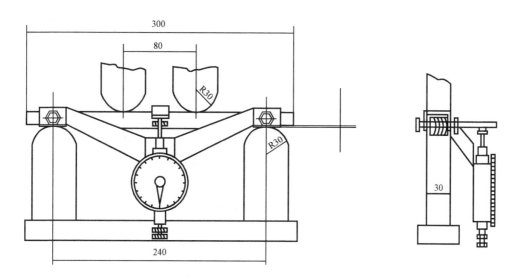

图5-1 万能力学实验机

② 测定试样变形的下、上限荷载,一般取300～700N。实验时以均匀速度先加荷至下限,立即记录百分表上的读数,准确至0.005mm,并将读数填入表5-4中。然后经15～20s加荷至上限荷载,再记录百分表的读数,随即卸荷。如此反复4次。每次卸荷,应稍低于下限荷载,然后再加荷至上限荷载。对于数显电控实验机,可将加荷速度设定为1～3mm/min。

对于甚软的木材,下、上限荷载取200～400N。自下限至上限的加荷时间取15s。为保证加荷范围不超过试样的比例极限应力,实验前可在每批中选2～3个试样进行观察实验,绘制荷载-变形图,在其直线范围内确定下、上限荷载。

③ 含水率测定与抗弯强度实验采用同一试件。

(3) 抗弯强度实验步骤

① 采用中央加荷,将试样放在实验装置的两支座上,在支座间试样中部的径面以均匀速度加荷,在1～2min内使试样被破坏(或将加荷速度设定为5～10mm/min),将破坏荷载填入表5-5中,精确至10N。

② 实验后立即在试样靠近破坏处截取约20mm长的木块一个,按GB/T 1931—2009测定含水率。

(4) 结果计算

① 抗弯强度。

试样含水率为$W\%$(实验时)的抗弯强度,应按下式计算,准确至0.1MPa:

$$\delta_W = \frac{3P_{max}l}{2bh^2}$$

式中：P_{max}——破坏荷载，N；

　　　　l——两支座间跨距，240mm；

　　　　b——试样宽度，mm；

　　　　h——试样高度，mm。

试样含水率为12%时的抗弯强度，应按下式计算，准确至0.1MPa：

$$\delta_{12} = \delta_W[1+0.04(W-12)]$$

式中：δ_W——试样含水率为W%时的抗弯强度，MPa；

　　　　W——试样含水率，%。

② 抗弯弹性模量。

a.根据后3次测得的试样变形值，分别计算出上、下限变形平均值。上、下限荷载的变形平均值之差，即为上、下限荷载间的变形值。

b.试样含水率为W%（实验时）的抗弯弹性模量，应按下式计算，准确至10MPa：

$$E_W = \frac{23Pl^3}{108bh^3f}$$

式中：E_W——试样含水率为W%时的抗弯弹性模量，MPa；

　　　　P——上、下限荷载之差，N；

　　　　l——两支座间跨距，240mm；

　　　　b——试样宽度，mm；

　　　　h——试样高度，mm；

　　　　f——上、下限荷载间的试样变形值，mm。

c.试样含水率为12%时的抗弯弹性模量，应按下式计算，准确至10MPa：

$$E_{12} = E_W[1+0.015(W-12)]$$

式中：E_W——试样含水率为W%时的抗弯弹性模量，MPa；

　　　　W——试样含水率，%。

试样含水率在9%～15%范围内，按此公式计算有效。

5．实验要求

每人测定5～10个试样。

6．实验报告要求

① 完成表5-4和表5-5。

② 以4～6人为一组统计试样抗弯强度和抗弯弹性模量的算术平均值、标准差、标准误差、变异系数和实验准确系数。

7．实验预习要求

熟悉木材抗弯弹性模量和抗弯强度测定的国家标准及方法。

表5-4 木材抗弯弹性模量测定记录表

树种：　　　　产地：　　　　　　实验室温度：　　℃　　　相对湿度：　　％

试样编号	试样尺寸(mm)		变形 0.01mm								上下限变形差	试样质量(g)		含水率(%)	弹性模量(MPa)	
			下限荷载（N）				上限荷载（N）									
	宽度	高度	第2次	第3次	第4次	平均	第2次	第3次	第4次	平均		实验时	全干时		实验时	含水率12%

实验日期：　　年　月　日　　　测定地点：　　　　测定人：　　　　审核人：

表5-5 木材抗弯强度测定记录表

树种：　　　　　产地：　　　　　　实验室温度：　　℃　　　　相对湿度：　　％

试样编号	试样尺寸（mm）		破坏荷载（N）	试样质量（g）		含水率（%）	抗弯强度（MPa）		备注
	宽度	厚度		实验时	全干时		实验时	含水12%时	

实验日期：　　年　月　日　　　测定地点：　　　　测定人：　　　　审核人：

实验14 木材顺纹抗剪强度的测定

1．实验目的

掌握国家标准GB/T 1937—2009《木材顺纹抗剪强度实验方法》。

2．实验仪器与设备

四吨木材力学实验机、顺纹抗剪实验装置、游标卡尺、天平、烘箱、干燥器、手锯。

3．实验材料

实验树种根据具体条件，在实验前确定。

试样形状与尺寸见图5-2和图5-3。试样受剪面应为径面或弦面，长度为顺纹方向。试样的缺角角度应为106°40′，应采用角规检查，允许误差±20′。

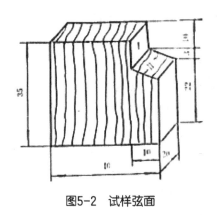 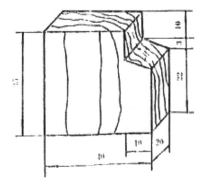

图5-2 试样弦面　　　　　　图5-3 试样径面

4．实验方法

（1）实验步骤

① 试样测量：用游标卡尺测量受剪面的宽度和长度，准确至0.1mm。将测量结果填入表5-6中。

② 木材顺纹抗剪强度实验装置见图5-4。

③ 将试样装于实验装置的垫块3上，调整螺杆4和5，使试样的顶端和Ⅰ面上部贴紧实验装置上部凹角的相邻两侧面，至试样不动为止。再将压块6置于试样斜面Ⅱ上，并使其侧面紧靠实验装置的主体。压块6的中心应对准实验机上压头的中心位置。

④ 以均匀速度加荷，在1.5～2min内使试样被破坏，将荷载读数填入表5-6中，准确至10N。

⑤ 将试样被破坏后的小块部分，按实验11的方法测定木材含水率。

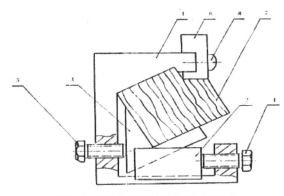

图5-4 木材顺纹抗剪强度实验装置

（2）结果计算

① 试样含水率为$W\%$时的弦面或径面顺纹抗剪强度，应按下式计算，准确至0.1MPa：

$$\tau_W = \frac{0.96 P_{max}}{bl}$$

式中：τ_W——试样含水率为$W\%$时的弦面或径面顺纹抗剪强度，MPa；

P_{max}——破坏荷载，N；

b——试样受剪面的宽度，mm；

l——试样受剪面的长度，mm。

② 试样含水率为12%时的弦面或径面顺纹抗剪强度，应按下式计算，准确至0.1MPa：

$$\tau_{12} = \tau_W[1 + 0.03(W-12)]$$

式中：τ_W——试样含水率为$W\%$时的弦面或径面顺纹抗剪强度，MPa；

W——试样含水率，%。

试样含水率在9%～15%范围内，按此公式计算有效。

5．实验要求

每人测定5～10个试样。

6．实验报告要求

① 完成表5-6。

表5-6　木材顺纹抗剪强度测定记录表

树种：　　　　产地：　　　　实验室温度：　　℃　　　　相对湿度：　　%

试样编号	试样受剪面尺寸(mm)		试样质量(g)		含水率(%)	破坏荷载(N)		弦面抗剪强度(MPa)		径面抗剪强度(MPa)	
	宽度	长度	实验时	全干时		弦面	径面	实验时	含水12%时	实验时	含水12%时

续表

试样编号	试样受剪面尺寸(mm)		试样质量(g)		含水率(%)	破坏荷载(N)		弦面抗剪强度(MPa)		径面抗剪强度(MPa)	
	宽度	长度	实验时	全干时		弦面	径面	实验时	含水12%时	实验时	含水12%时

实验日期： 年 月 日　　测定地点：　　测定人：　　审核人：

② 以4～6人为一组统计试样顺纹抗剪强度的算术平均值、标准差、标准误差、变异系数和实验准确系数。

7．实验预习要求
熟悉木材顺纹抗剪强度测定的国家标准及方法。

实验15　木材冲击韧性的测定

1．实验目的
掌握国家标准GB/T 1940—2009《木材冲击韧性实验方法》。

2．实验仪器与设备
万能木材力学实验机、游标卡尺、天平、烘箱、干燥器、手锯。

3．实验材料
实验树种根据具体条件，在实验前确定。

试样尺寸为20mm×20mm×300mm,长度为顺纹方向。

4．实验方法

（1）实验步骤

① 试样测量：在试样长度方向中间位置，用游标卡尺测量径向尺寸为宽度，弦向尺寸为高度，准确至0.1mm。将测量结果填入表5-7中。

② 冲击韧性只做弦向实验。将试样对称地放在实验机支座上，使实验机摆锤冲击于试样长度方向中间的径面上，必须一次冲断，将试样吸收能量填入表5-7中，准确至1J。

（2）结果计算

① 试样的冲击韧性，应按下式计算，准确至$1kJ/m^2$：

$$A=\frac{1000Q}{bh}$$

式中：A——试样的冲击韧性，kJ/m^2；

Q——试样吸收能量，J；

b——试样宽度，mm；

h——试样高度，mm。

② 试样含水率为12%时的冲击韧性，应按下式计算，准确至$1kJ/m^2$：

$$A_{12}=A_W[1+0.02(W-12)]$$

式中：A_{12}——试样含水率为12%时的冲击韧性，kJ/m^2；

W——试样含水率，%。

试样含水率在9%～15%范围内，按此公式计算有效。

5．实验要求

每人测定5～10个试样。

6．实验报告要求

① 完成表5-7。

② 以4～6人为一组统计试样冲击韧性的算术平均值、标准差、标准误差、变异系数和实验准确系数。

7．实验预习要求

熟悉木材冲击韧性测定的国家标准及方法。

续表

表5-7 木材冲击韧性测定记录表

树种：　　　　产地：　　　　　实验室温度：　　℃　　相对湿度：　　%

试样编号	试样尺寸（mm）		试样吸收能量(J)	试样质量（g）		冲击韧性（kJ/m²）	
	宽度	高度		实验时	全干时	实验时	含水12%时

实验日期：　　年　月　日　　测定地点：　　　　测定人：　　　　审核人：

实验16　木材硬度的测定

1．实验目的

掌握国家标准GB/T 1941—2009《木材硬度实验方法》。

2．实验仪器与设备

万能木材力学实验机、电触型硬度实验附件、游标卡尺、天平、烘箱、干燥器、手锯。

3．实验材料

实验树种根据具体条件，在实验前确定。

试样尺寸为50mm×50mm×70mm，长度为顺纹方向。

4．实验方法

(1) 实验原理

木材具有抵抗其他刚体压入的能力，用规定半径的钢球，在静荷载下压入木材以表示其硬度。

(2) 实验步骤

① 实验前，必须严格检查电触型硬度实验附件指示深度的准确性。

② 每一试样均应分别在两个弦面、两个径面和两个端面上各做一次实验。

③ 将试样放于实验机支座上，并使实验机的钢半球端头正对试样实验面的中心位置。然后以每分钟3～6mm的均匀速度将钢半球压头压入试样的实验面，直至压入5.64mm深为止（电触型硬度实验附件的红灯亮起）。将读数填入表5-8中，准确至10N。

④ 实验后，应立即在试样端面的压痕处，截取约20mm×20mm×20mm的木块一个，按实验11的方法测定试样的含水率。

(3) 结果计算

① 试样含水率为W%时的硬度，应按下式计算，准确至10N：

$$H_W = KP$$

式中：H_W——试样含水率为W%时的硬度，N；

K——压入试样深度为5.64mm和2.82mm时的系数，分别等于1和4/3；

P——半球形钢压头压入试样的荷载，N。

对试样两个弦面、两个径面和两个端面的实验结果各取平均值，作为该试样各面的硬度。

② 试样含水率为12%时的硬度，应按下式计算，准确至10N：

$$H_{12} = H_W[1+0.03(W-12)]$$

式中：H_{12}——试样含水率为12%时的硬度，N；

W——试样含水率，%。

试样含水率在9%～15%范围内，按此公式计算有效。

5．实验要求

每人测定5～10个试样。

6．实验报告要求

① 完成表5-8。
② 以4～6人为一组统计试样硬度的算术平均值、标准差、标准误差、变异系数和实验准确系数。

7．实验预习要求

熟悉木材硬度测定的国家标准及方法。

表5-8 木材硬度测定记录表

树种：　　　　产地：　　　　　　实验室温度：　　℃　　　相对湿度：　　%

试样编号	试样质量（g）		含水率（%）	端面硬度（N）		弦面硬度（N）					径面硬度（N）	
						实验时						
	实验时	全干时		实验时	含水率12%时	一面	二面	平均	含水率12%时	实验时	含水率12%时

实验日期：　　年　月　日　　测定地点：　　　　测定人：　　　　审核人：

第 6 章 木材化学性质实验

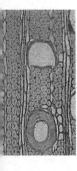

实验 17　木材灰分含量分析
实验 18　木材水抽提物含量分析
实验 19　木材 1%NaOH 抽提物含量分析
实验 20　木材综纤维素含量分析
实验 21　木材纤维素含量分析
实验 22　木材戊聚糖含量分析
实验 23　木素含量分析
实验 24　木材 pH 值分析
实验 25　木材酸碱缓冲容量分析

实验 17 木材灰分含量分析

1. 实验目的

灰分是木材中的无机物质。木材主要是由碳（C）、氢（H）、氧（O）、氮（N）组成的碳水化合物类的有机物质。但是木材中也还含有少量的无机物质，主要是硫（S）、磷（P）、钾（K）、钙（Ca）、镁（Mg）和铁（Te）等无机元素。木材中的无机物质含量虽小，但物质种类很多，而且对木材某些方面的性能可产生较大的影响。例如，木材中的木腐菌生长需要一定量的S、P、Mg和K等物质，所以这些物质存在与否及其含量多少决定了木腐菌能否在木材中生存。测定木材的灰分含量就可以定量地反映木材中这些无机物质的含量。本实验的目的是让学生了解和掌握木材原料中灰分含量的测定过程和方法。

2. 实验仪器与设备

① 高温炉。
② 瓷坩埚。
③ 坩埚钳。
④ 电炉。
⑤ 扁形称量瓶。
⑥ 电子分析天平（1/10000）。
⑦ 电热恒温烘箱。
⑧ 干燥器。

3. 实验材料

木粉试样：按照GB/T 2677.1—1993《造纸原料分析用试样的采取》的规定进行取样。

4. 实验方法

（1）试样含水率测定

① 称取3g（精确至0.0001g）木粉试样，置于洁净、烘干、恒重的扁形称量瓶中。
② 将盛有木粉的称量瓶置于烘箱中，在105±3℃下烘干4h。
③ 取出称量瓶，置于干燥器中冷却30min，称重。
④ 再放进烘箱继续烘干1h。
⑤ 在干燥器中冷却30min，称重。
⑥ 重复④和⑤，直至恒重为止。

⑦ 计算含水率：

$$W(\%) = \frac{G - G_1}{G} \times 100$$

式中：G——试样烘干前质量，g；
　　　G_1——绝干试样质量，g。
◇ 要求进行两次平行测定，取算术平均值作为测定结果。
◇ 测定结果要求精确至小数点后二位。
◇ 两次平行测定的误差应小于0.20%。

（2）试样灰分含量测定

① 称取2～3g（精确至0.0001g）木粉试样，置于预先灼烧并恒重的坩埚中。
② 将坩埚放在电炉上仔细灼烧使木粉炭化。
③ 将坩埚置于高温炉中，在575±25℃下灼烧至恒重为止（灰渣中无黑色碳素）。
④ 计算灰分含量：

$$Y(\%) = \frac{G \times 100}{G_1 \times (100 - W)} \times 100$$

式中：G——灰渣质量，g；
　　　G_1——绝干试样质量，g；
　　　W——试样含水率，%。
◇ 要求进行两次平行测定，取算术平均值作为测定结果。
◇ 测定结果要求精确至小数点后二位。
◇ 两次平行测定的误差应小于0.05%。

5．实验要求

两人一组完成一种试样的木材原料灰分含量的测定，仔细观察、记录测定过程，整理测定结果。

6．实验报告要求

每人都要提交实验报告。实验报告内容应该包括木材原料灰分含量测定采用的标准、测定方法和步骤、测定过程记录，以及结果整理与分析。

7．实验预习要求

熟悉木材原料灰分含量测定的国家标准及方法。

实验 18 木材水抽提物含量分析

1．实验目的
木材抽提物为木材中的非木材物质，它是一些存在于细胞腔或细胞间隙中的可溶性物质。一方面，抽提物含量的高低对木材原料中木材物质含量有直接影响；另一方面，抽提物的种类和多少还会影响到木材的许多物理化学性能。本实验的目的是学习木材冷水抽提物和热水抽提物含量的测定过程和方法。

2．实验仪器与设备
① 恒温水浴。
② 玻璃滤器（$1G_2$）。
③ 吸滤瓶。
④ 锥形瓶（250mL，500mL）。
⑤ 球形冷凝管。
⑥ 电子分析天平（1/10000）。
⑦ 电热烘箱。
⑧ 干燥器。
⑨ 真空泵。

3．实验材料
① 木粉试样：按照 GB/T 2677.1—1993《造纸原料分析用试样的采取》的规定进行取样。
② 蒸馏水。

4．实验方法
（1）冷水抽提物含量测定
① 称取2g（精确至0.0001g）试样于洁净光滑的纸上，另外称取一份测定试样含水率。
② 将试样小心移入500mL锥形瓶中，加入300mL蒸馏水，置于温度为23±2℃的恒温水浴中，加盖放置48h，并经常摇荡。
③ 用倾泻法将锥形瓶中的物料滤经已经干燥恒重的玻璃滤器，用蒸馏水洗涤锥形瓶，将残渣全部洗入滤器。
④ 用真空泵吸滤，并反复用蒸馏水洗涤直至滤液无色，再洗涤2～3次。
⑤ 吸干滤液，并用蒸馏水将滤器外部吹洗干净。

⑥ 将滤器放入烘箱，在105±3℃下干燥至恒重。
⑦ 冷水抽提物含量计算：

$$X_1(\%) = \frac{G-G_1}{G} \times 100$$

式中：G——试样抽提前绝干质量，g；
G_1——试样抽提后绝干质量，g。
◇ 要求进行两次平行测定，取算术平均值作为测定结果。
◇ 测定结果要求精确至小数点后二位。
◇ 两次平行测定的误差应小于0.20%。

（2）热水抽提物含量测定
① 取2g（精确至0.0001g）试样于洁净光滑的纸上，另外称取一份测定试样含水率。
② 将试样小心移入250mL锥形瓶中，加入200mL95～100℃的蒸馏水，装上回流冷凝管，将锥形瓶置于沸水浴中煮沸3h，并经常摇荡。
③ 用倾泻法将锥形瓶中的物料滤经已经干燥恒重的玻璃滤器，用蒸馏水洗涤锥形瓶，将残渣全部洗入滤器。
④ 用真空泵吸滤，并反复用蒸馏水洗涤直至滤液无色，再洗涤2～3次。
⑤ 吸干滤液，并用蒸馏水将滤器外部吹洗干净。
⑥ 将滤器放入烘箱，在105±3℃下干燥至恒重。
⑦ 热水抽提物含量计算：

$$X_2(\%) = \frac{G-G_1}{G} \times 100$$

式中：G——试样抽提前绝干质量，g；
G_1——试样抽提后绝干质量，g。
◇ 要求进行两次平行测定，取算术平均值作为测定结果。
◇ 测定结果要求精确至小数点后二位。
◇ 两次平行测定的误差应小于0.20%。

5．实验要求
两人一组完成一种试样的木材原料冷水抽提物和热水抽提物含量的测定，仔细观察、记录测定过程，整理测定结果。

6．实验报告要求
每人都要提交实验报告。实验报告内容应该包括木材原料冷水抽提物和热水抽提物含量测定采用的标准、测定方法和步骤、测定过程记录,以及结果整理与分析。

7. 实验预习要求

熟悉木材原料冷水抽提物和热水抽提物含量测定的国家标准及方法。

实验 19　木材 1%NaOH 抽提物含量分析

1. 实验目的

木材作为造纸和生产纤维板的原料时,或进行化学改性处理时,会受到一定程度的碱性作用,这时木材中的一些内含物和低分子量的碳水化合物会溶解而成为所谓的碱抽提物。这种碱抽提物的含量直接影响到纸浆和纤维板生产中木材原料的利用率,所以它是木材原料的重要材性指标之一。本实验的目的是学习木材原料中 1% NaOH 抽提物含量的测定过程和方法。

2. 实验仪器与设备

① 球形冷凝管。
② 锥形瓶（300mL）。
③ 恒温水浴。
④ 玻璃滤器（$1G_3$）。
⑤ 过滤漏斗。
⑥ 吸滤瓶。
⑦ 移液管（25mL,50mL）。
⑧ 容量瓶（100mL,1000mL）。
⑨ 电子分析天平（1/10000）。
⑩ 电热烘箱。
⑪ 干燥器。
⑫ 真空泵。

3. 实验材料

① 木粉试样：按照 GB/T 2677.1—1993《造纸原料分析用试样的采取》的规定进行取样。
② 氢氧化钠。
③ 氯化钡。

④ 甲基橙指示剂。
⑤ 滤纸。
⑥ 0.1N 盐酸标准液。
⑦ 醋酸。

4．实验方法

（1）1% NaOH 溶液配制

① 溶液配制

称取 10gNaOH 溶解于适量蒸馏水中，倒入 1000mL 容量瓶中，加水至刻度线，摇匀。

② 浓度测定

a. 用移液管取 25mL NaOH 溶液于 100mL 容量瓶中，加 5mL10%氯化钡溶液，加蒸馏水稀释至刻度线，摇匀，静置沉淀后用滤纸和漏斗过滤。

b. 取 50mL 滤液于 200mL 烧杯中，加 1 滴甲基橙指示剂，再用 0.1N 盐酸标准液滴定。

c. 计算氢氧化钠溶液浓度：

$$C(\%) = \frac{V \times N \times 0.04 \times 100}{12.5}$$

式中：V——滴定所耗用的盐酸标准液，mL；

N——盐酸标准液的当量浓度。

氢氧化钠溶液浓度应该为 0.9%～1.1%，否则要用浓碱液或蒸馏水调整。

（2）1% NaOH 抽提物含量测定

① 取 2g（精确至 0.0001g）试样于洁净光滑的纸上，另外称取一份测定试样含水率。

② 将试样小心移入 300mL 锥形瓶中，加入 100mL1% NaOH 溶液，装上回流冷凝管，置于沸水浴中，加热 1h（在 10min、25min、50min 摇荡一次）。

③ 达到时间后，取出锥形瓶，静置片刻使残渣沉淀。

④ 用倾泻法将锥形瓶中的物料滤经已经干燥恒重的玻璃滤器，用温水洗涤锥形瓶，将残渣全部洗入滤器。

⑤ 用真空泵吸滤，并反复用温水洗涤直至滤液无色后，用 50mL 醋酸溶液（1∶3）分 3 次洗涤残渣，再用冷水洗涤至无酸性为止（用甲基橙指示剂测试）。

⑥ 用吸滤瓶和真空泵吸干滤液，取出玻璃滤器，并用蒸馏水将滤器外部吹洗干净。

⑦ 将滤器放入烘箱，在 105±3℃下干燥至恒重。

⑧ 计算 1% NaOH 抽提物含量：

$$X(\%) = \frac{G - G_1}{G} \times 100$$

式中：G——试样抽提前绝干质量，g；
G_1——试样抽提后绝干质量，g。

◇ 要求进行两次平行测定，取算术平均值作为测定结果。
◇ 测定结果要求精确至小数点后二位。
◇ 两次平行测定的误差应小于0.20%。

5．实验要求

两人一组完成一种试样的木材原料1% NaOH抽提物含量的测定，仔细观察、记录测定过程，整理测定结果。

6．实验报告要求

每人都要提交实验报告。实验报告内容应该包括木材原料1% NaOH抽提物含量测定采用的标准、测定方法与步骤、测定过程记录以及结果整理与分析。

7．实验预习要求

熟悉木材原料1% NaOH抽提物含量测定的国家标准及方法。

实验20　木材综纤维素含量分析

1．实验目的

木材综纤维素是指木材中除去木素以后的全部碳水化合物，即纤维素与半纤维素的总量。当木材作为生产纸浆的原料时，综纤维素含量与纸浆得率有直接的关系。木材原料的综纤维素含量越大，则纸浆得率越高。本实验的目的是让学生了解和掌握木材原料综纤维素含量测定分析的过程和方法。

2．实验仪器与设备

① 恒温水浴。
② 索氏抽提器（150mL）。
③ 锥形瓶（25mL，250mL）。
④ 玻璃滤器（1G_2）。
⑤ 电子分析天平（1/10000）。
⑥ 电热恒温烘箱。

⑦ 干燥器。

3．实验材料
① 木粉试样：按照 GB/T 2677.1—1993《造纸原料分析用试样的采取》的规定进行取样。
② 无水乙醇。
③ 乙醚。
④ 亚氯酸钠。
⑤ 冰乙酸。
⑥ 丙酮。

4．实验方法
① 称取 2g（精确至 0.0001g）试样，用滤纸、纱线包扎好（另外称取一份测定试样含水率）。
② 将纸包放入索氏抽提器中，加入乙醇，置于沸水浴中抽提 6h（控制抽提液循环次数约为 6 次/小时）。
③ 换另一底瓶，加入乙醚，在水浴中抽提 2h（控制抽提液循环次数为 6 次/小时）。
④ 取出试样风干，解开纸包，用洁净毛笔小心地将物料移入 250mL 锥形瓶中，加入 65mL 蒸馏水、0.5mL（10 滴）冰乙酸及 0.6g 亚氯酸钠（以 100%纯度计），摇匀。
⑤ 在锥形瓶上倒扣一个 25mL 锥形瓶，放在 75℃的恒温水浴中加热 1h，期间要经常旋转并摇动锥形瓶。
⑥ 达到时间后，再加入 0.5mL（10 滴）冰乙酸及 0.6g 亚氯酸钠，摇匀，继续在 75℃的恒温水浴中加热 1h。
⑦ 重复⑥，直至试样变白（其木素含量在 2%～4%为止）。
⑧ 取出锥形瓶，放进冰水中冷却，用已经干燥恒重的玻璃滤器过滤，并用冰冷的蒸馏水反复洗涤滤器中的物料，直至洗液不呈酸性为止，最后用丙酮洗涤 3 次。
⑨ 用蒸馏水将滤器外部吹洗干净，放入烘箱，在 105±3℃下烘干至恒重。
⑩ 将玻璃滤器放入干燥器中冷却后称重，所增之重即为综纤维素的质量。
⑪ 计算综纤维素含量：

$$X(\%) = \frac{G}{G_1} \times 100$$

式中：G——烘干的综纤维素质量，g；
G_1——绝干试样质量，g。

◇ 要求进行两次平行测定，取算术平均值作为测定结果。

◇ 测定结果要求精确至小数点后二位。
◇ 两次平行测定的误差应小于0.40%。

5．实验要求

两人一组完成一种试样的木材原料综纤维素含量的测定，仔细观察、记录测定过程，整理测定结果。

6．实验报告要求

每人都要提交实验报告。实验报告内容应该包括木材原料综纤维素含量测定采用的标准、测定方法和步骤、测定过程记录，以及结果整理与分析。

7．实验预习要求

熟悉木材原料综纤维素含量测定的国家标准及方法。

实验21　木材纤维素含量分析

1．实验目的

纤维素是木材细胞壁的骨架物质，为构成木材细胞壁的主体成分，其含量与实体木材性能、纸浆得率及纸浆质量性能有很大关系。一般来说，木材原料的纤维素含量越高，纸浆得率越大，纸浆的质量性能越好。本实验的目的是让学生了解和掌握木材原料中纤维素含量的测定过程和方法。

2．实验仪器与设备

① 恒温水浴。
② 球形冷凝管。
③ 锥形瓶（250mL）。
④ 玻璃滤器（$1G_2$）。
⑤ 真空吸滤瓶（500mL）。
⑥ 电子分析天平（1/10000）。
⑦ 电热恒温烘箱。
⑧ 真空泵。
⑨ 干燥器。

3．实验材料

① 木粉试样：按照GB/T 2677.1—1993《造纸原料分析用试样的采取》的规定进行取样。
② 95％乙醇。
③ 硝酸。

4．实验方法

(1) 硝酸-乙醇混合液配制

用量筒取800mL 95％乙醇倒入1000mL烧杯中，再用另一量筒（不允许用同一量筒）取200mL硝酸（d=1.42），分次徐徐倒入乙醇中，每次少量（约10mL），并用玻棒搅匀后方可继续添加（否则可能发生爆炸）。硝酸全部加入乙醇中后，再用玻棒充分搅匀，冷却后贮于棕色试剂瓶中待用。

(2) 纤维素含量测定

精确称取 1.0000～1.0500g 试样于洁净光滑的纸上（另外称取一份测定试样含水率）。将试样移入洁净干燥的250mL锥形瓶中，加入25mL新配制的硝酸-乙醇混合液，装上回流冷凝管，置于沸水浴上加热1h。加热过程中要随时摇荡瓶内木粉，以防止木粉喷出（如有木粉喷入冷凝管，该实验要弃之重做）。

达到时间后，将锥形瓶取下，静置片刻，使残渣沉于瓶底后，用倾泻法滤经已干燥恒重的玻璃滤器（不许流出烧杯外）。用真空泵及吸滤瓶吸干滤液，再将滤器中及锥形瓶口附着的残渣用25mL硝酸-乙醇混合液洗回锥形瓶中。装上回流冷凝管，再在沸水浴上加热1h。如此反复数次，直至纤维变白（一般阔叶材须反复三次，针叶材须反复四次）。

最后将锥形瓶内容物全部移入洁净、干燥、恒重的滤器，用10mL硝酸-乙混合液洗涤残渣，再用热水洗涤残渣及锥形瓶，使残渣全部进入滤器，继续用热水洗涤，直至滤液用甲基橙试剂检测不呈酸性为止。最后用乙醇洗涤两次（每次10mL）。

吸干滤液，取出滤器，用蒸馏水将滤器外部吹洗干净，放入烘箱，在105±3℃下烘干至恒重。

计算纤维素含量：

$$X(\%)=\frac{G_1-G}{G_2(100-W)}\times100$$

式中：G——烘干的玻璃滤器质量，g；

G_1——玻璃滤器连同残渣烘干质量，g；

G_2——试样质量（气干），g；

W——试样含水率，％。

◇ 要求进行两次平行测定,取算术平均值作为测定结果。
◇ 测定结果要求精确至小数点后二位。
◇ 两次平行测定的误差应小于0.30%。

5．实验要求
两人一组完成一种试样的木材原料纤维素含量的测定,仔细观察、记录测定过程,整理测定结果。

6．实验报告要求
每人都要提交实验报告。实验报告内容应该包括木材原料纤维素含量测定采用的标准、测定方法和步骤、测定过程记录,以及结果整理与分析。

7．实验预习要求
熟悉木材原料纤维素含量测定的国家标准及方法。

实验22 木材戊聚糖含量分析

1．实验目的
木材中的戊聚糖(包括木聚糖和阿拉伯聚糖等)是构成木材原料中半纤维素的主要物质。它们是一些聚合度较小的碳水化合物,具有吸湿性大、易水解、化学性能活泼和热稳定性差等特性,其含量对木材原料质量有很大影响。本实验的目的是让学生了解和掌握木材原料中戊聚糖含量的测定过程和分析方法。

2．实验仪器与设备
① 糠醛蒸馏装置一套,包括圆底烧杯(500mL)、滴液漏斗(刻度30mL,容量150mL)、球形冷凝管、量筒(500mL)。
② 油浴锅。
③ 水银温度计(220℃)。
④ 容量瓶(500mL,1000mL)。
⑤ 磨口锥形瓶(500mL)。
⑥ 移液管(25mL,100mL)。
⑦ 滴定管(50mL)。

⑧ 电子分析天平（1/10000）。
⑨ 可调电炉。

3．实验材料

① 木粉试样：按照 GB/T 2677.1—1993《造纸原料分析用试样的采取》的规定进行取样。

② 12%盐酸溶液：取 307mL 分析纯盐酸（d=1.19）于 1000mL 容量瓶中，加水至刻度。

③ 溴化钠-溴酸钠混合液：取 2.5g 溴酸钠及 13.9g 溴化钠（或者 2.8g 溴酸钾及 11.9g 溴化钾），溶于 1000mL 容量瓶中，加水至刻度。

④ 0.1N 硫代硫酸钠标准溶液：取 25.0g 硫代硫酸钠（$Na_2S_2O_3 \cdot 5H_2O$）溶于新煮沸并冷却的蒸馏水，加入 0.1g 碳酸钠，移入 1000mL 容量瓶中，加入新煮沸并冷却的蒸馏水，稀释至刻度，摇匀。静置一周（任其析出游离硫沉淀）后过滤，用重铬酸钾标定其浓度，方法如下。

精确称取 0.10～0.12g（准确至 0.0001g）已烘干的化学纯重铬酸钾，放入具有磨口的 500mL 容量瓶中，加入 30mL 水使其溶解，加入 5mL 浓盐酸（d=1.19），再加入 10mL 15%碘化钾溶液。用水稀释至 200mL，摇匀，塞紧，静置 5min 后，用 0.1N $Na_2S_2O_3$ 溶液滴定到呈黄绿色（稻草色）。再加入 5mL 0.05%淀粉溶液继续滴定至淡蓝色消失而变成三价铬离子的绿色为止。

$$N(Na_2S_2O_3) = \frac{称取重铬酸钾的质量（g）}{滴定时所耗 Na_2S_2O_3 溶液(mL) \times 0.04904}$$

⑤ 10%碘化钾溶液：溶解 10g 碘化钾于 100mL 水中。

⑥ 醋酸苯胺溶液：取 1mL 新蒸馏的苯胺（$C_6H_5NH_4$）于小烧杯中，加入 9mL 冰乙酸，搅匀。

⑦ 1N NaOH 溶液：取 2g 氢氧化钠，用水稀释至 50mL。

⑧ 淀粉溶液：取 0.5g 可溶性淀粉，溶于 100mL 水中，煮沸，冷却。

⑨ 0.1%酚酞指示剂：取 0.1g 酚酞溶于 100mL 乙醇溶液（50%）中。

⑩ 氯化钠。

⑪ 粗甘油。

4．实验方法

称取 1.0000～1.0500g 试样于洁净光滑的纸上（另取一份测定含水率）。将试样放入 500mL 圆底烧瓶，加入 10g 氯化钠，再加入 100mL 12%的盐酸溶液。将烧瓶置于油浴中（不要触及锅底和壁），按图 6-1 安装糠醛蒸馏装置。

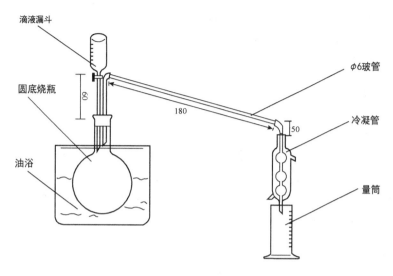

图6-1 糠醛蒸馏装置

在漏斗中盛入一定量的12%盐酸溶液后,将粗甘油预热至170℃,倒入油浴中至恰好高出烧瓶中的液面。调节电炉温度,使蒸馏速度为每10min出30mL蒸馏液。此后每蒸馏出30mL蒸馏液,从漏斗中加入30mL12%盐酸溶液于烧瓶中。到总馏出液达到300mL后,用醋酸苯胺溶液检验糠醛是否蒸馏完全(用经过醋酸苯胺溶液处理过的试纸接2~3滴馏出液,放置一会儿,如出现红色,则表示尚未蒸馏完全;如不出现红色,则表示已经蒸馏完全)。

糠醛蒸馏完毕后,将馏出液移入500mL容量瓶中,用12%盐酸洗涤量筒两次,并将洗液倒入容量瓶中,然后加12%盐酸至刻线,塞紧,摇匀。

用吸移管自容量瓶中取100mL馏出液于500mL磨口锥形瓶中,加250g用蒸馏水制成的碎冰。当锥形瓶中溶液温度降至0℃时,用吸移液管准确加入25mL溴化钠-溴酸钠溶液,迅速塞紧瓶口,放置在暗处5min。达到时间后,加入10mL10%碘化钾,再塞紧瓶口,摇匀,放置5min后,用0.1N$Na_2S_2O_3$标准溶液滴定析出的碘,快达到终点前,加入2~3mL0.5%淀粉溶液,继续滴定至蓝色刚好消失。另取100mL12%盐酸溶液,按照同样的过程进行空白滴定实验。

计算糠醛含量:

$$糠醛(\%)=\frac{(V_1-V_2)\times 0.048\times N\times 500\times 100}{100G\times(100-W)}\times 100$$

式中:0.048——与1mL1N硫代硫酸钠标准溶液相当的糠醛量,mL;

V_1——空白实验时所耗滴定液,mL;

V_2——样品实验时所耗滴定液,mL;

G——试样质量(气干),g;

W——试样含水率,%;

N——$Na_2S_2O_3$滴定液的当量浓度。

计算戊聚糖含量:

$$木材原料戊聚糖(\%)=1.88×糠醛含量$$
$$草类原料戊聚糖(\%)=1.38×糠醛含量$$

◇ 要求进行两次平行测定,取算术平均值作为测定结果。

◇ 测定结果要求精确至小数点后二位。

◇ 两次平行测定的误差应小于0.20%。

5．实验要求

两人一组完成一种试样的木材原料戊聚糖含量的测定,仔细观察、记录测定过程,整理测定结果。

6．实验报告要求

每人都要提交实验报告。实验报告内容应该包括木材原料戊聚糖含量测定采用的标准、测定方法和步骤、测定过程记录,以及结果整理与分析。

7．实验预习要求

熟悉木材原料戊聚糖含量测定的国家标准及方法。

实验23 木素含量分析

1．实验目的

木素是一种由苯基丙烷单元构成的具有三度空间结构的高分子芳香族化合物,它与纤维素和半纤维素一起存在于木质化的植物细胞壁中,起着胶固纤维素和半纤维素的作用。木材中木素的含量对实体木材的理化性能、木材纤维板的生产工艺及纸浆生产中的纸浆得率等具有很大影响。本实验的目的是让学生了解和掌握木材原料中木素含量的测定过程和分析方法。

2．实验仪器与设备

① 恒温水浴。
② 索氏抽提器（150mL）。
③ 磨口锥形瓶（250mL，1000mL）。
④ 球形冷凝管。
⑤ 玻璃滤器（1G_3）。
⑥ 比重计。
⑦ 电子分析天平（1/10000）。
⑧ 电热恒温烘箱。
⑨ 调温电炉。
⑩ 干燥器。

3．实验材料

① 木粉试样：按照GB/T 2677.1—1993《造纸原料分析用试样的采取》的规定进行取样。
② 苯-醇混合液：33份分析纯乙醇与67份分析纯苯混合均匀。
③ 72%硫酸液：徐徐将665mL浓硫酸（d=1.84）加入300mL蒸馏水中，冷却后加水至1000mL，摇匀。调节酸液温度为20℃后，将溶液倒于量筒中，用比重计测定溶液的比重应为1.6338；若不是，则加水或硫酸调至此比重。
④ 10%氯化钡溶液：10g氯化钡溶于90mL水中。

4．实验方法

精确称取1.0000～1.0500g试样，用定性滤纸、纱线包扎好（另外称取一份测定试样含水率），将纸包放入索氏抽提器中，加入苯-醇混合液，置于沸水浴中抽提6h（控制抽提液循环次数约为4次/小时）。到达时间后，取出试样风干，解开滤纸包，用洁净毛笔仔细将物料全部移入250mL磨口锥形瓶中。加入冷却至12～15℃的72%硫酸液15mL，塞紧瓶口，摇荡1min，使物料全部被酸液浸润。将锥形瓶置于温度为18～20℃的恒温水浴中2h，并不时摇荡锥形瓶内物料。

到达时间后，用蒸馏水吹洗，将物料全部移入1000mL锥形瓶中，然后加水稀释至酸液浓度为3%，此时加入的总水量（包括吹洗用水）应为560mL。将锥形瓶装上回流冷凝管，在调温电炉上煮沸4h后，静置使物料沉淀。用已经干燥恒重的1G_3玻璃滤器过滤（用热蒸馏水将物料全部吹洗到滤器中），再用热水洗涤滤器中的物料，直至洗液用10%氯化钡溶液测试不出现浑浊为止。用蒸馏水吹洗干净滤器外部,在105±3℃烘箱中烘干至恒重,放入干燥器中冷却后称重。

计算木素含量:

$$木素含量(\%) = \frac{(G_1 - G) \times 100}{G_2 \times (100 - W)} \times 100$$

式中:G——玻璃滤器烘干恒重,g;

G_1——残渣及玻璃滤器烘干恒重,g;

G_2——称取的木粉质量,g;

W——试样含水率,%;

◇ 要求进行两次平行测定,取算术平均值作为测定结果。

◇ 测定结果要求精确至小数点后二位。

◇ 两次平行测定的误差应小于0.20%。

5.实验要求

两人一组完成一种试样的木材原料木素含量的测定,仔细观察、记录测定过程,整理测定结果。

6.实验报告要求

每人都要提交实验报告。实验报告内容应该包括木材原料木素含量测定采用的标准、测定方法和步骤、测定过程记录,以及结果整理与分析。

7.实验预习要求

熟悉木材原料木素含量测定的国家标准及方法。

实验24 木材pH值分析

1.实验目的

木材pH值是指木粉的冷水浸提液的pH值,它反映木材的酸碱性。木材的pH值对木材的胶合性能、胶合工艺及化学性能和化学加工工艺等方面具有很大影响。本实验的目的是让学生认识木材原料pH值的意义,了解和掌握木材pH值的测定过程和分析方法。

2．实验仪器与设备
① 酸度计（分度值0.02）。
② 电子天平（感量0.01g）。
③ 高型烧杯（50mL）。
④ 磁力搅拌器。

3．实验材料
① 木粉试样：按照GB/T 2677.1—1993《造纸原料分析用试样的采取》的规定进行取样。
② pH值标准液（采购）。

4．实验方法
① 使用前将酸度计的玻璃电极放入蒸馏水中浸泡一昼夜。
② 接通酸度计电源预热半个小时，用标准液校准酸度计。
③ 称取3g木粉（精确至0.01g），置于50mL洁净烧杯中，加入新煮沸并冷却的蒸馏水30mL，搅拌5min，静置15min，再搅拌5min。
④ 用酸度计测定木粉悬浮液pH值，精确至0.01。
◇ 要求进行两次平行测定，取算术平均值作为测定结果。
◇ 测定结果要求精确至小数点后二位。
◇ 两次平行测定的误差应小于0.05。

5．实验要求
两人一组完成一种试样的木材原料pH值的测定，仔细观察、记录测定过程，整理测定结果。

6．实验报告要求
每人都要提交实验报告。实验报告内容应该包括木材原料pH值测定采用的标准、测定方法和步骤、测定过程记录，以及结果整理与分析。

7．实验预习要求
熟悉木材原料pH值测定的国家标准及方法。

实验 25　木材酸碱缓冲容量分析

1．实验目的

木材酸碱缓冲容量反映了木材物质抵抗外界酸碱环境影响的能力，它对木材的胶合性能、胶合工艺及化学性能和化学加工工艺等方面具有很大影响。本实验的目的是让学生认识木材原料酸碱缓冲容量的意义，了解和掌握木材酸碱缓冲容量的测定过程和分析方法。

2．实验仪器与设备

① 酸度计（分度值0.02）。
② 电子天平（感量0.01g）。
③ 高型烧杯（50mL，200mL）。
④ 磁力搅拌器。
⑤ 滴定管。

3．实验材料

① 木粉试样：按照GB/T 2677.1—1993《造纸原料分析用试样的采取》的规定进行取样。
② pH值标准液（采购）。
③ 0.025N NaOH溶液：0.5g分析纯氢氧化钠用蒸馏水溶解并稀释至500mL。
④ 0.025N H_2SO_4 溶液：0.68mL 98%浓硫酸（d=1.8365）缓慢倒入499.32mL蒸馏水中。

4．实验方法

① 测定木粉实验时的含水率。
② 称取10g绝干木粉（精确至0.01g），置于200mL洁净烧杯中，加入新煮沸并冷却的蒸馏水100mL，充分搅拌后，倒入带有磨砂口的广口瓶中浸泡24h。
③ 过滤，取滤液25mL两份，分别放入两个50mL烧杯中。其中一份测定pH值后用0.025N氢氧化钠溶液滴定（不时摇匀）至pH值为10，记录所耗碱液；另一份用0.025N硫酸溶液滴定（不时摇匀）至pH值为3，记录所耗酸液。
④ 计算结果。

　　酸缓冲容量（毫克当量/升）=0.025×滴定消耗的酸液毫升数
　　碱缓冲容量（毫克当量/升）=0.025×滴定消耗的碱液毫升数
　　总缓冲容量（毫克当量/升）=碱缓冲容量+酸缓冲容量

⑤ 绘制样品的酸碱缓冲特性曲线，见图6-2。

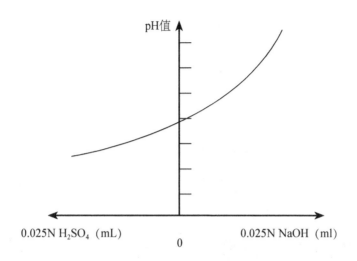

图6-2 酸碱缓冲特性曲线

◇ 要求进行两次平行测定,取算术平均值作为测定结果。
◇ 测定结果要求精确至小数点后二位。
◇ 两次平行测定的误差应小于0.35毫克当量/升。

5．实验要求

两人一组完成一种试样的木材原料酸碱缓冲容量的测定,仔细观察、记录测定过程,整理测定结果。

6．实验报告要求

每人都要提交实验报告。实验报告内容应该包括木材原料酸碱缓冲容量测定采用的标准、测定方法和步骤、测定过程记录,以及结果整理与分析。

7．实验预习要求

熟悉木材原料酸碱缓冲容量测定的国家标准及方法。

第 7 章　木材保护与改性实验

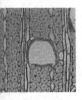

实验 26　木材阻燃处理
实验 27　木材防腐处理
实验 28　木材脱色与漂白处理
实验 29　木材染色处理
实验 30　木材软化与弯曲成型处理

实验 26　木材阻燃处理

1. 实验目的

木材容易着火燃烧而遭到破坏,这是木质材料严重缺陷之一。随着人们生活水平的提高,木质材料越来越多地用做建筑装修材料。因此,木质材料的防火处理越来越受到人们的重视。本实验的目的是让学生深入认识木质材料的燃烧性及木质材料的阻燃机理,了解和掌握木质材料阻燃处理的基本工艺方法,并创新性地探索新的木质材料阻燃技术。

2. 实验仪器与设备

① 木材真空压力处理装置。
② 不锈钢桶（25L）。
③ 燃烧氧指数测定仪。
④ 调温电炉。
⑤ 电热烘箱。
⑥ 电阻式含水率测定仪。

3. 实验材料

① 针叶树试材和阔叶树试材（10mm×40mm×300mm）。
② 无机型木材阻燃剂：81.5份氯化锌与18.5份重铬酸钾混合,配制成浓度为10%~18%的水溶液。
③ MDFP 有机型木材阻燃剂：将243份（质量）37%的甲醛与135份水混合,加入几滴3NNaOH水溶液,使水溶液的pH值为8；把三聚氰胺（31.5份）与双氰胺（63份）混合均匀；将甲醛溶液加热到80℃,缓慢加入三聚氰胺与双氰胺混合物,同时搅拌,直至完全溶解；待溶液完全冷却至室温后,加入115.3份85%磷酸,搅拌均匀,获得固含量为48.1%的树脂溶液。

4. 实验方法

（1）无机型阻燃剂处理

采用满细胞法,在木材真空压力处理装置上,将上述预先配制好的无机型阻燃剂溶液浸注到试材中,使留着率达到48kg/m³。

（2）有机型阻燃剂处理

采用满细胞法,在木材真空压力处理装置上,将上述预先配制好并适当稀释的MDFP

有机型阻燃剂浸注到试材中，使留着率达到48kg/m³。

（3）干燥处理

在电热烘箱中干燥浸注处理后的试材，干燥至含水率为15%（用电阻式含水率测定仪测定）。

（4）测氧指数

用氧指数仪分别测定对照试件、无机型阻燃剂处理试件和有机型阻燃剂处理试件的氧指数（OI）。

（5）分析阻燃处理效果

① 与对照试件（未处理试件）比较，分析处理试件的氧指数的提高值。

② 根据处理试件的氧指数值，确定阻燃处理的效果：OI＜21，为易燃烧型材料；OI=21～28，为缓慢燃烧型材料；OI＞28，为自熄型材料。

5．实验要求

① 本实验为创新性实验，学生可以自行设计处理药剂配方和具体的实验步骤，从而获得不同的处理效果。

② 对比分析针叶材和阔叶材的可浸注性和处理效果。

③ 对比分析无机型阻燃剂与有机型阻燃剂的处理效果。

6．实验报告要求

每人都要提交实验报告。实验报告内容应该包括木材阻燃处理采用的方法和步骤、过程记录，以及结果整理与分析。

7．实验预习要求

熟悉木材阻燃处理的标准及方法。

实验27　木材防腐处理

1．实验目的

木质材料是一种生物质材料，特别是边材的细胞中含有很多虫菌赖以生存的营养物质，如淀粉、蛋白和糖类等物质，故虫菌可在木材中生长繁殖，从而导致木材腐朽败坏。为了防止木质材料的生物性破坏，需要对木质材料进行人工防腐处理。本实验的目的是让学生进一步认识虫菌对木质材料的破坏性及木质材料的防腐机理，了解和掌握木质材料防腐处理的基本工艺方法，并创新性地探索新的木质材料防腐处理的技术。

2．实验仪器与设备
① 木材真空压力处理装置。
② 不锈钢桶（25L）。
③ 调温电炉。
④ 电热烘箱。
⑤ 电阻式含水率测定仪。

3．实验材料
① 针叶树试材和阔叶树试材（10mm×40mm×300mm）。
② 五氯酚钠（NaPCP）。
③ 硼酸。
④ 硼砂。
⑤ 重铬酸钾。
⑥ 硫酸铜。
⑦ 醋酸。

4．实验方法
① 防腐药剂配制：用上述材料可配制成三个配方。

配方一： NaPCP　　650g　⎫
　　　　 硼酸　　　240g　⎬ 加水溶解稀释至40L
　　　　 硼砂　　　730g　⎭

配方二： 硼酸　　　800g　⎫
　　　　 硼砂　　　800g　⎬ 加水溶解稀释至40L
　　　　 重铬酸钾　400g　⎭

配方三： 硫酸铜　　2.24kg ⎫
　　　　 重铬酸钾　3.46kg ⎬ 加水溶解稀释至40L
　　　　 醋酸　　　0.1kg　⎭

② 选用上述配方之一，采用满细胞法对试材进行处理，使吸药量达到6kg/m³左右。吸药量计算公式：

$$R= \frac{(G_2-G_1) \times C}{V}$$

式中：R——吸药量，kg/m³；
　　　G_1——处理前质量，kg；
　　　G_2——处理后质量，kg；
　　　C——药液浓度；
　　　V——试件处理前的体积，m³。

③ 将处理试件在烘箱中干燥至含水率为15%左右。
④ 防腐处理效果检验。

将对照试件（未处理试件）和处理试件堆放在同一处，在自然条件下任其受虫菌感染。每隔两周检查一次，检查每根试件表面是否有霉菌或变色菌感染。若有感染，要目测受感染面积的百分比。连续检查四次以上。最后两次检查时，还要检查试件内部是否有蓝变，一次检查一个端头，在离端头20cm处锯断，目测试件断面上蓝变面积的百分比。

5．实验要求

① 本实验为创新性实验，学生可以自行设计处理药剂配方和具体的实验步骤，从而获得不同的处理效果。
② 对比分析针叶树材和阔叶树材的可浸注性差异。
③ 对比分析心、边材天然耐久性的差异。
④ 对比分析不同药剂配方的防腐处理效果。

6．实验报告要求

每人都要提交实验报告。实验报告内容应该包括木材防腐处理采用的方法和步骤、过程记录，以及结果整理与分析。

7．实验预习要求

熟悉木材防腐处理的标准及方法。

实验28　木材脱色与漂白处理

1．实验目的

木材能够部分吸收可见光，因而使人们对木材产生颜色的感觉。当可见光照射到木材表面上时，一部分被木材吸收，另一部分被木材表面反射回来。所谓木材的颜色就是没有被木材吸收的那部分光线反射到人的视网膜上所产生的印象。由于不同的木材对可见光有不同的吸收特性，因而不同的木材会产生不同的颜色效果。

当木材受到某种污染（如碱性污染、酸性污染、化学污染和霉菌污染等）时，会使木材的原有光学特性发生变化，因而产生各种变色现象。所谓木材脱色就是消除这些污染变色或脱除木材原有的深色，使其颜色变得浅淡素雅。

木材漂白，实际上就是更大程度的脱色。在很多情况下，木材脱色和漂白是木材染色的准备工序。因为当木材完全成为白色时，就很容易染上各种所需要的颜色。

本实验的目的是让学生深入认识木材脱色和漂白的机理，初步了解和掌握木材脱色和漂白的工艺方法。

2．实验仪器与设备

① 电热烘箱。
② 电子天平（1/1000）。
③ 调温电炉。
④ 不锈钢桶（25L）。
⑤ 烧杯。

3．实验材料

① 气干木料（竹材、松木和桦木等），60mm×40mm×10mm。
② 工业双氧水。
③ NaOH。
④ 工业水玻璃。

4．实验方法

（1）木材漂白处理
配制漂白药剂：1% NaOH水溶液与工业双氧水按1∶1的比例混合，搅拌均匀。
漂白处理：将试件浸入漂白药剂中半小时，取出充分水洗干净，烘干。
（2）竹木霉菌变色脱除
配制脱色药剂：5份工业双氧水、5份工业水玻璃、90份1% NaOH混合，搅拌均匀。
脱色处理：将试件放入处理药剂中浸泡24h，取出充分水洗干净，烘干。

5．实验要求

① 本实验为创新性实验，学生可以调整药剂配方和处理工艺参数，从而获得不同的处

理效果。

② 对比分析竹材、针叶树材和阔叶树材的处理难易程度和处理效果。

③ 注意观察分析木材的心材与边材生物变色的难易程度。

6．实验报告要求

每人都要提交实验报告。实验报告内容应该包括木材脱色和漂白处理采用的方法和步骤、过程记录，以及结果整理与分析。

7．实验预习要求

熟悉木材脱色和漂白处理的标准及方法。

实验29　木材染色处理

1．实验目的

木材自古以来就是人们特别喜爱的一种用于家具制作和室内装饰的材料。木材之所以特别受到人们的喜爱，除了其独特的物理力学性能以外，另一个重要因素就是它具有美丽的颜色和纹理。然而木材是一种天然的生物质材料，其颜色和纹理常常会因为天然缺陷或受到某些因素的破坏而达不到人们所需要的效果。例如，木材受到虫菌侵蚀或化学腐蚀而发生变色；许多木材的心材和边材的颜色差异很大，这也会影响到木材的使用。在这些情况下，可以通过木材染色处理技术，使木材在保持其天然纹理和性能的基础上获得理想的颜色效果。随着大径级优质名贵木材的日益减少，将普通木材人为加工成优质名贵木材的高新技术得到了快速发展。在这种人为加工优质名贵木材的高新技术中，关键技术之一就是薄木染色技术。

今后的木材加工生产中，木材染色处理技术将会得到越来越多的应用。本实验的目的是让学生全面了解和认识各类木材染料及其特性，初步掌握它们的使用方法及木材染色的工艺技术。

2．实验仪器与设备

① 电热烘箱。

② 电子天平（1/1000）。

③ 调温电炉。

④ 不锈钢桶（25L）。

⑤ 木材真空高压处理设备。

3．实验材料

① 气干杨树薄木。

② 气干桦木（400mm×40mm×10mm）。

③ 酸性染料系列。

④ 碱性染料系列。

⑤ 重铬酸钾。

⑥ 蕃红。

4．实验方法

（1）薄木表面染色

① 碱性染液配制。

a=0.1％碱性橙水溶液

b=0.1％碱性绿水溶液

c=0.05％蕃红水溶液

栗褐色染液：$a:b:c$=4：0.8：1

② 酸性染液配制。

a=0.1％酸性橙水溶液

b=0.1％酸性粒子原青水溶液

c=0.15％酸性大红水溶液

橙红色染液：$a:b:c$=10：3：8

③ 薄木染色：将气干薄木裁剪成合适大小，放入染液中浸泡1h，取出用水冲洗干净，晾干。

（2）板材深度染色（化学着色）

① 药液配制：5％重铬酸钾水溶液25L。

② 将试材放入真空压力处理罐中（设法不让其上浮），盖紧罐门，抽真空至真空度达到90％后保持30min。

③ 在真空状态下吸入药液至完全淹没试材，解除真空，加压到1MPa，保持3h。

④ 卸压，排出药液，打开罐门，取出试材，用水冲洗干净。

⑤ 试材经气干一天后，在电热烘箱中干燥至含水率为15％。

5．实验要求

① 本实验为创新性实验，学生可以调整药剂配方和处理工艺参数，从而获得不同的处理效果。
② 对比分析酸性染料与碱性燃料的染色效果。
③ 分析木材化学着色的原理及效果。

6．实验报告要求

每人都要提交实验报告。实验报告内容应该包括木材染色处理采用的方法和步骤、过程记录，以及结果整理与分析。

7．实验预习要求

熟悉木材染色处理的标准及方法。

实验 30　木材软化与弯曲成型处理

1．实验目的

在很多场合下都要把木材加工成各种弯曲结构，如曲木家具、运动器材、工艺制品和拱形门窗等。但是木材是一种难以弯曲的材料。自古以来，人们一直在不断地探索将木材软化，然后进行弯曲成型的技术。木材成功弯曲的关键是要使木材充分软化。通过长期的生产实践，人们已经成功地掌握了一些木材软化技术。

（1）水热处理

湿和热同时作用于木材，使木材细胞壁中纤维素分子链之间的氢键，以及半纤维素与木素的复合物中的氢键受到破坏，这样木材分子之间容易发生位移，使细胞壁失去刚性而被软化。对经过湿热软化处理的木材进行弯曲后，在固定状态下进行干燥。干燥以后，木材细胞壁中的水分被蒸发掉，木材细胞壁中纤维素分子之间的氢键又得以重新建立起来，因此弯曲后的形状就可以固定下来。

（2）氨处理

氨是一种很好的木材膨胀剂，它能够进入木材细胞壁微纤丝的结晶区和非结晶区，破坏纤维素分子链之间的氢键。同时，氨还能够使木材中的木素呈软化状态，使纤维素分子排列方向发生变化。所以经氨处理后的木材可以获得很好的软化效果。对软化好的木材进行弯曲加工后，在固定状态下让氨蒸发。待氨蒸发以后，木材纤维素分子链之间的氢键又会重新建立起来，这样弯曲的形状就可以被固定下来。

（3）其他软化方法

木材软化除了水热处理和氨处理以外，还可以采用尿素溶液处理、联氨处理、甲胺处理、碱液处理和硫代硫酸盐溶液处理等方法。

本实验的目的是让学生初步了解和认识木材的可软化和弯曲成型的特性，初步掌握木材软化和弯曲成型的工艺技术。

2．实验仪器与设备

① 木材真空压力处理装置。
② 不锈钢桶（25L）。
③ 调温电炉。
④ 电热烘箱。
⑤ 成型模具。
⑥ 固定钢带。

3．实验材料

① 针叶树材和阔叶树材的气干木料。

树种：榆木、山核桃、桦木、栗木、槭木、马尾松、紫杉和柏木等。

尺寸：长×弦宽×径厚=700mm×40mm×12mm。

部位：选用边材。

加工：尽量刨光，不容许有裂缝和腐烂等缺陷。

② 工业尿素。

4．实验方法

① 配制30%的尿素水溶液。
② 在常温高压（1MPa）下浸泡木料24h。
③ 加热罐内药液及木料至100℃，保持1h。
④ 取出木料在模具上进行弯曲操作（近髓心的一面作为凹面）。
⑤ 将弯曲木料用钢带约束固定，并保持固定状态，在103℃下进行干燥，直至含水率为5%～6%。
⑥ 自然冷却后解除约束固定。

5．实验要求

① 本实验为创新性实验，学生可以自行设计处理药剂配方和具体的实验步骤，从而获

得不同的处理效果。
② 对比分析不同树种的药剂渗透性。
③ 对比分析不同树种的弯曲工艺特性。

6．实验报告要求

每人都要提交实验报告。实验报告内容应该包括木材软化和弯曲处理采用的方法和步骤、过程记录，以及结果整理与分析。

7．实验预习要求

熟悉木材软化和弯曲处理的标准及方法。